U0302349

信息试错机

引爆复杂性的成长与突破

皇甫存青◎著

价值观能否存在
往往取决于它在传播中的竞争力

经济日报出版社

图书在版编目（CIP）数据

信息试错机：引爆复杂性的成长与突破 / 皇甫存青著 .—北京：经济日报出版社，2016. 12

ISBN 978-7-5196-0080-8

Ⅰ. ①信… Ⅱ. ①皇… Ⅲ. ①科学哲学—通俗读物 Ⅳ. ①N02 - 49

中国版本图书馆 CIP 数据核字（2016）第 320156 号

信息试错机：引爆复杂性的成长与突破

作　　者	皇甫存青
责任编辑	匡卫平　杨帧
出版发行	经济日报出版社
地　　址	北京市西城区白纸坊东街 2 号　（邮政编码：100054）
电　　话	010-63567683（编辑部） 010-63588446　63567692（发行部）
网　　址	www. edpbook. com. cn
E - mail	edpbook@ 126. com
经　　销	全国新华书店
印　　刷	北京天正元印务有限公司
开　　本	710×1000 毫米　1/16
印　　张	10. 5
字　　数	128 千字
版　　次	2017 年 4 月第一版
印　　次	2017 年 4 月第一次印刷
书　　号	ISBN 978-7-5196-0080-8
定　　价	36. 00 元

序

我们可以把世界上的事物分成两大类：第一类是“死”的，我们可以充分理解与操作，比如锤子、剪刀、机器；第二类是“活”，我们不能充分理解与操作，比如动物、植物、人类、国家。我们在对待前者与后者的时候，会采取不同的策略：对无生命力的对象，我们可以加以认识、操纵、改造而不必关心它们的“利益”；但是对有生命力的对象，我们则必须心存敬畏，防备它们使出我们没有预料到的策略。即使是简单的细菌，我们也要防备它因为突变而产生抗药性。而我们从来不用担心机器跳出来反抗我们的意志，维护它们自己的生存权。对象的信息处理能力越高，我们就越需要小心谨慎。当我们面对与自己信息处理能力相当的人类时，我们就需要把对方当作与自己平等的主体，而不是可以随便被利用的工具。

一个主体的信息处理能力越强，它就越容易在竞争中生存并保护自己的利益，它就越不容易被识破与控制，它就更容易适应环境，它就会逼迫那些不如它复杂或者与它同样复杂的主体用平等的眼光来看待它。不管这个主体是动物，人类还是人工智能。

甚至人的价值观与自我认识都与信息处理能力息息相关。大脑是人类信息处理能力的核心，所以在人们的自我认识中，大脑就是自己的核心。在无数有关人死后灵魂的教义、文学作品与电影中，一个人的灵魂可能不具有他生前的服饰、面容与身体特征，但是一定会具有他的记忆与个性。

如果我们从信息处理能力的角度来看待世界的进化与发展，就会发现一切都变得非常简单。

所有竞争主体都注定会死亡，它们所能留下的只有信息。而新一代的竞争主体在自我构建与自我完善的过程中最需要的也只有信息。一个竞争主体如果在自己死后不能留下信息，它所起的作用就无法在历史长河中积累，它的存在就无法留下任何痕迹。而信息处理能力强的主体总是可以更好地利用各种信息构建自己，获得更强的竞争力。

因此，一切拥有强大信息处理能力的主体都更容易生存，都会更被重视。与它们相关的信息就更容易被传播，更容易影响后世。而那些可以增加信息处理能力的因素，比如我们对智慧的追求与向往，自我意识中对记忆与个性的肯定，自由意志观念等等，都会被进化所青睐。所以，信息处理能力不仅关乎竞争力，还关乎所有与竞争者相关的价值观、自我认识等问题。它提供了一个基于达尔文主义的，对人类所有文化信息、价值观、自我认识进行重新审视的可能性。

本书尝试分析所有可以依靠自己竞争力来生存的竞争主体所具备的共同特征，以及它们在发展与进化时遵循的伦理与规律。本书首先将分析信息处理能力在生存、进化中的重要作用，接着从与之相关的各种规律出发，分析人类价值观、自我认识等是如何受其影响的。

本书的第一部分将首先分析信息处理能力对生物的作用。一般而言，生物的信息处理能力越强，它的进化速度就越快，它的复杂性也就越高，它在进化中获得的竞争力就越强。信息处理能力的进化是生物进化的主线。

本书的第二部分与第一部分平行，分析信息处理能力对人类的作用。虽然人类的信息处理能力远远高于生物，但是人类的信息处理能力同样与其进化速度、复杂性与竞争力相关。在生物进化中信息处理能力发挥作用的各种方式，在人类中也以类似的方式发挥着作用。

本书的第三部分讨论人类价值观的来源以及信息处理能力与价值观之间的关系。本书认为，价值观能否存在，往往取决于它在传播中的竞争力。如果一个价值观可以提高人类的信息处理能力，那么这多出来的信息处理能力就会赋予价值观更强的竞争力，使它在传播中获胜，成为流行的价值观。在这个理论的指引下，本书分析了自由意志、个体独特性、自我意识与死亡等问题。

目　录
CONTENTS

01

生物篇

1.1 进化速度

水会蒸发，铁会生锈，石头会风化，山会被风雨夷为平地，湖泊会干枯，大陆会沉没。只有生命才永远是鲜活的。生命虽然总会死亡，但是生命会自我复制，会进化。野火烧不尽，春风吹又生。

只有那些自我复制能力最强的生物才能被保存下来。两种数量相同、互为竞争关系的生物，其中第一种的后代生存率比第二种高1%。那么在100代后，第一种的数量就将占到总数的73%；200代后，第一种的数量就会占到总数的88%；500代后，第一种的数量将占到总数的99.3%；而1000代之后，第一种的数量将占总数的99.9952%。每一点小小的差异在经过时间的洗礼之后都会被无限放大。今天我们看到的一切生物与文明，都是经历过这些洗礼的胜利者。

一切看起来似乎不能凭借自己的能力来生存并自我复制的，要么有它生存的办法，要么只不过是历史中转瞬即逝的过客。

达尔文说过：“在生存竞争中活下来的并不是那些最强壮的生物，而是那些最能适应环境的生物。”生态学中有一个“红皇后假说”：每一种生物都必须用最快的速度来进化，才能保证自己不被淘汰。所有生物之间都在相互适应，相互竞争。如果一种生物停止进化，那么其他生物总是能在进化中找到这种生物的弱点并把它击败。

如果一种生物具有更快的进化速度，长远来看，它就会在竞争中获得极大的优势。而如果一种生物的进化速度不够快，那么它早晚要被淘汰，不管它现在看起来有多么强大。

高等动物，比如哺乳动物，拥有非常强大的免疫系统。它们有紧密的皮肤可以阻止病原体的入侵，它们有溶菌酶、胃酸、巨噬细胞等非特异免疫的工具可以杀死各种病原体，它们还有抗体系统可以识别异己的成分并把它们杀死。而病原体往往是原始的，简单的，弱小的。为什么高等动物有如此强大的免疫系统，还总是要受到病原体的骚扰？

原因很简单，因为病原体基因进化的速度要快于高等动物。

任何防御体系都有自己的漏洞。比如，细菌的荚膜一定程度上可以抵御动物巨噬细胞的吞食作用；细菌通过突变来改变表面抗原就可以使动物的抗体对它无效。动物的免疫系统有漏洞不要紧，反正动物都是会进化的，它们只要通过进化来补上这个漏洞就好了。但是病原体也是会进化的。一只兔子繁殖一代一般需要四个月的时间，而细菌繁殖一代只需要十几分钟。高毒性的黏液瘤病毒在兔子体内繁殖四天就可以杀死它，这时它本身已经产生了不知多少亿个后代，也许已经进行了很多步进化，而在这段时间内兔子却完全无法进化。兔子产生一个有利突变所需要的时间，足够细菌产生几百、几千个有利突变。兔子通过进化来补上自己免疫系统漏洞的时间，足够细菌发现更多新的漏洞。而只要细菌可以突破兔子免疫上的漏洞，它们就可以相对安全地在兔子体内生存。

如果气候变化了，兔子可以通过进化来适应气候变化；如果食物短缺了，兔子可以通过进化来适应食物短缺。这是因为兔子的进化速度一般来说高于这些变化的发生速度，所以兔子可以从容地调整自己的策略。虽然一部分兔子会饿死，冻死，但是它们最终还是会适应新环境，成为生存竞争中的胜利者。但是病原体来了，兔子却不可能通过进化来完全摆脱病原体，因为病原体的基因进化比兔子还要快。等到兔子发展出足够抵抗病原体的免疫机制，病原体又进化出其它突破免疫系统的机制了。

病原体的高进化速度使它非常可怕，但是人类并不怕它们，因为人类的“进化”速度其实比病原体快很多。我们有智慧和文化，我们可以发明各种各样的方法来对付病原体，比如抗生素，疫苗，消毒剂和免疫增强剂。青霉素在发明之后的几十年中对很多病菌所向披靡。即使病菌对一种药产生了抗性，只要药的分子结构稍微改变一下，病菌的抗性往往就会失效。现在青霉素与它的各种改进版本都还非常有效。也许有一天，有的细菌会进化得完全不怕青霉素。但是到了那一天，我们还会研发出新的药物和疗法。人研发新药的速度只要快于病菌进化的速度，病菌就只能持续地被人类压制。

由于进化速度比不上人类，病原体在打一场必输的战争。人类的科技越来越发达，科学研发的速度也越来越快，而病原体只能以古老的方式继续前进。多少亿的病原体被人类制造的药品杀死了。也许人类现在还无法杀绝它们，也许它们在与药物抗争的过程中产生了抗药性，但是我们开发新药物和新疗法的速度越来越快。不管病原体如何进化，我们都可以轻松应对。

不管是动物，人，还是公司，国家，它们都要与各种对手进行对抗。在长远上来看，决定对抗胜负的最重要因素就是它进化与发展的速度。进化速度快的动物可以产生更强大的免疫系统，更复杂的神经系统与更发达的运动系统等等；更善于学习的人可以获得更深刻的认识，学到更多的技能，在博弈时可以使用更好的策略；对市场反应更灵敏的公司可以制造出领先于市场的产品，可以在面对其他公司冲击的时候找到更好的应对措施；有活力的国家可以不断地修正自己的政策与方针，阻止国内矛盾的积累，用更先进的策略与其他国家争夺资源。

整个世界都在进化，每种生物都不能一成不变。比世界更快，就将生存；比世界更慢，就会灭亡。

1.2 术业有专攻

植物虽然不能走，不能打斗，但是植物可以相当成功地防备动物的取食。金合欢树如果遇到动物的啃咬，就会分泌大量的单宁（一种阻碍肠胃吸收营养的物质），还会散发出一种气味来“通知”周围的金合欢树。被“通知”的金合欢树也会产生大量单宁。于是，在一片金合欢树林中，只要一只动物开始吃树叶，那么在五到十分钟内周围所有树都会积累大量单宁，这片森林在之后一段时间内就因此变得不适合食用了。有些不熟悉金合欢树这种防御机制的食草动物甚至会被这些单宁杀死。但是长颈鹿不怕，因为它是食用金合欢树的专家。它会从下风口的树开始吃，只在一棵树上食用不到十分钟的时间，然后找另一棵上风头的树继续吃。除此以外，金合欢树的大量尖刺让食草动物望而却步，但是长颈鹿的口腔有非常厚硬的皮，完全不怕这些尖刺。金合欢树长得很高，一般的动物够不着，但是长颈鹿有非常长的脖子，可以吃到树上的叶子。

在进化史上，长颈鹿食用金合欢树从很久以前就开始了。一开始，它们的攻防机制也许还不是这么夸张。但是在长期的进化过程中，金合欢树不停地进化出各种防御机制，长颈鹿不停地进化出各种破解的招数，最后它们之间的关系就成了这个“一把钥匙开一把锁”的样子。

金合欢树的防御机制非常强大，以至于除了长颈鹿以外很少有其他动物可以以它为食。长颈鹿则在长期的进化中变成只能吃金合欢树与其它几种不多的食物：高高的脖子和适合吃树叶的牙齿让它难以吃草。它的体型与生活习性让它只能在东非稀树草原上生存，而这里最多的树之一就是金合欢树。如果它到了森林地带，它的脖子将成为累赘。长颈鹿突破了一种植物的防御机制，付出的代价却是变得很难食用其他植物。毕竟，其他植物也有它们的防御机制，长颈鹿并不熟悉那些防御机制。无奈而幸运的是，它至少可以突破一种植物的防御。“吊死在一棵树上”总比无处收尸要好。

这样的关系在植物与植食动物之间非常常见。一种植食动物一般只能吃很少几种防御机制相似的植物。这种动物为了获得吃这种植物的能力，把自己的身体结构大大地特化，以至于变得非常地不适合吃其他植物。毕竟，其他植物也都有自己的防御机制，这些机制也在不断地进化，而一种动物不可能同时应对所有植物的进化。比如，鳞翅目昆虫的幼虫对化学防御的破解能力比较强，所以很多有毒植物的天敌都是这些虫子们。但是不同植物的化学防御机制是不同的，所以能够破解一种植物防御的昆虫，往往不能破解另一种植物的防御。某一种鳞翅目昆虫往往也就只能吃少数几种有相似毒虫的植物。十字花科蔬菜的主要防御工具是刺激性的芥子油，所以鳞翅目昆虫往往是十字花科蔬菜的重要害虫。禾本科的植物往往具有硅质的表皮，会让昆虫在啃吃时口器磨损严重，所以咀嚼式口器的昆虫在吃它们的时候要格外小心，只能吃幼嫩的芽。因此鳞翅目昆虫就较少成为禾本科植物的害虫。但是刺吸式口器的昆虫就不怕硅表皮，它们对水稻、小麦等来说是比鳞翅目昆虫更严重的威胁。最夸张的组合之一是树袋熊和桉树。桉树叶含有大量有毒的桉仁油，而且营养成份非常低。一般的动物吃它完全无利可图。但是树袋熊会解毒，运动迟缓，故能量消耗少，而且食物会在它的消化系统里停留很长时间。所以它可以完全以桉树叶为食，却同时也因此难以适应其它食物。

我们的印象似乎是，动物是快速的，主动的，可以随便吃各种植物。但是实际上，动物和植物在进化速度上却是平等的。动物吃植物，植物就会进化出防御机制，动物也会相应地进化出破解机制。它们的进化速度都差不多，于是结果就一直是：植物可以在一定程度上保护自己，但是总免不了损失；动物可以吃到一定量的植物，但是它的进化速度有限，不可能同时进化出很多针对不同植物的破解机制，所以动物能吃的植物种类也就很有限。

也有一些动物可以食用很多种类的植物。但是这些动物往往都只吃这些植物身上毒性小，不受保护的部分，比如幼芽，地下茎，种子等等。所以它们在每种植物身上的所得也都比较有限。

在少数情况下，某些进化事件可以给植物或者植物天敌带来无与伦比的优势，让它们称雄一时。对于植物来说，真菌是非常可怕的敌人。真菌不仅会在植物死亡后消化它的遗体，还会在植物活着的时候就入侵它的组织，有时甚至会杀死植物。直到今天，真菌对农作物的危害仍然非常严重。在四亿年前，现在维管束植物（蕨类植物，裸子植物，被子植物的总称）的祖先进化出了木质素。当时，没有哪一种真菌可以分解受木质素保护的植物体。所以当时植物异常繁盛。很多死去的植物来不及分解就被掩埋，于是就变成了今天的煤矿。我们今天看到的大部分煤矿都是那个时期产生的。植物可以说用这一招就封死了真菌的所有进攻。但是不久之后，真菌进化出了分解木质素的酶，重新获得了杀伤植物的能力。这个时候，许多植物惨遭灭门之祸。植物与真菌之间的拉锯战甚至影响到了气候的变化。植物繁盛的时代，大量的二氧化碳被吸收，作用降低，气候非常寒冷；而真菌进化出木质素酶后，大气中的二氧化碳增加到了今天的几十倍，气候变暖，海洋酸化。据说这就是石碳纪生物大灭绝的起因。

但是可以想到的是，这些具有分解酶的真菌们同样无法得意太久，因为植物也会不断地进化。一开始的时候，真菌可以取食几乎所有种类的植物。许多种类的植物灭绝了，但是还有一些植物进化出了新的防御机制，从而活了下来。很多植物进化出了有毒的化学物质，比如十字花科植物的芥子油和樟树的樟脑。真菌很难突破这些化学防御构成的壁垒。如果真菌想要依赖这些植物活下去，它们就要不停地进化，用更高效的酶和更强大的解毒功能来破解这些新出现的防御机制。由于真菌与植物进化速度是差不多的，所以一种植物进化出新防御机制所需要的时间，大致会等于食用它的真菌进化出新破解机制的时间。植物不停地进化，发展出强大的防御机制，可以对付绝大多数的入侵者。但是如果这种植物的天敌用自己的全部进化速度来破解植物的防御机制，那么它总能够在一定程度上破解植物的防御。但是由于它把所有的进化速度都放在这方面，所以它无法破解其他植物的防御。这就又出现了这种情况：一种植物只能被少数几种天敌取食，而一种植物天敌只能取食少数几种植物。

在生物之间的对抗中，真正的对抗因素是进化的速度。进化速度快的生物更可能产生有利的进化，比如植物的木质素或者鳞翅目幼虫的口器。如果，对抗双方进化的速度差不多，那么双方进化出新战术新方法的速度在概率上也差不多，双方就会不断地加强竞争，一直处于平衡之中。如果一种（或者某一类）生物的进化速度总是比其他生物快，那么它就可以快速进化出大量新战术，从而可以占领非常广大的生态位，比如老鼠，线虫等等。如果一种生物的进化速度总是比其他生物慢，它有可能消亡，也有可能龟缩在非常小的生态位中，比如一些深海生物与寄生虫。一种生物的“领地”大小，归根结底是由它的进化速度来决定的。

值得一提的是，一种生物往往需要与许多不同的生物比拼进化速度。比如，一些鳞翅目昆虫的幼虫需要对付有毒的植物，它还会被线虫与寄生蜂寄生，还要被鸟类捕食。它需要把自己的进化速度科学地分派给这几个方面才可以生存。如果一种生物的进化速度实在是太慢，那么它就只好减少自己与其他生物的关系。许多落后的生物都变成了寄生生物，就是因为这样可以尽可能减少与自己有关的生物数量。

1.3　种群与信息试错机

澳大利亚原来没有兔子。后来，欧洲人把兔子带到了澳大利亚，澳大利亚就成了兔子的天堂。这里有优质的草原，而且没有兔子的灭敌。兔子飞速地繁殖，拼命地消耗着牧草，并且把草原打得到处都是洞。于是，人们引进黏液瘤病毒来控制兔子的数量。一开始的时候，兔子被飞快地消灭，但是没有完全被消灭，有一小部分拥有强大免疫力的兔子活了下来。没过多久，这一小部分兔子继续繁殖，就恢复到了原来的数量。更重要的是，这些兔子都是有免疫力的。病毒再也没法影响它们了。

兔子不懂得病毒的致病机理，兔子也不知道怎么样才能抵御病毒，但是兔子还是成功地战胜了病毒。它们成功的关键，无非是“多样性”而已。在兔子还没有遭遇病毒的时候，它与免疫相关的基因已经产生了许多突变。有的突变可以让它抵御这一种病毒，有的突变可以让它抵御另一种病毒，有的突变什么作用也没有，也有的突变（大多数）会让它产生这样或者那样的遗传缺陷。兔子不知道下一个威胁它们的是什么病毒，也不知道怎么样修改自己的基因可以抵御这种病毒。所以它只能把所有的基因突变都保留在自己的种群里面。如果一种病毒来了，那么只要种群足够大，多样性足够高，总会有一小部分兔子可以抵御这种病毒；如果另一种病毒来了，总有兔子可以抵御另一种病毒。不管哪种病毒来了，一般都有一小部分兔子可以抵御这种病毒，兔子总还是能生存下来。

我们也许会觉得兔子的命运相当地可悲：就病毒这件事来说，兔子的命运从它一生下来就被决定了。如果它带有免疫的基因，那么它就可能生存下来；如果它没有免疫的基因，它就不可能生存下来。它的命运全不是自己能够掌握的。另外，它不具备预测病毒是否到来的能力，即使它真的能预测未来哪一种病毒会流行，它也不知道怎么样对付这种病毒。它能做的事情非常有限：生存，并生尽可能多的娃，这些娃身上总会带有一些突变。如果哪个突变碰巧能对付病毒，那么它的娃就可以生存下来。

我们不妨把兔子称为“信息试错机”。它的功能就是携带基因，在基因的指导下建构自己的身体，并且产生下一代。如果它的基因可以保证它生存，那么它就可以生存；如果基因不能保证它生存，那么它就不能生存。它的一生，都好像是在为基因进行试错。除此以外，它还有一点可怜的产生新信息的能力：突变。怎么突变，为什么突变，突变以后会产生什么结果都是兔子所不能预测的。这突变是好是坏，就交给后代的信息试错机们去自己实验吧。

单个信息试错机的作用是非常有限的。但是如果信息试错机的数目非常之多，形成了一个庞大的种群，它的力量就不可轻视了。1926 年的时候，澳大利亚大概有 100 亿只兔子。这就使得兔子基因的多样性可以非常丰富。虽然这些多样性都是“盲目”突变产生的，但是其中对兔子有害的突变早就在自然选择中被消除掉了，所以这些基因大多数至少是对兔子无害的。在兔子种群面临各种生存挑战，比如病毒，捕食者，生态环境变化等等的时候，总有一小部分兔子可以适应这些变化。

任何一本生态书都会告诉我们，生物是无法脱离种群而生存的。因为单个生物所能携带的基因信息量实在是有限。生物在面临环境变化的时候，需要非常高的多样性。单个生物不可能具有这么高的多样性。只有同种类的生物都聚集在一起，它们之间可以进行基因信息的交流（有性生殖），这些多样性才可以不断产生，不断发挥作用，不断被选择。脱离了种群的生物，只有少量的信息。它应对环境变化的能力会非常弱小。

很多因素都可以影响信息试错机种群的效率。首先，信息进行试错的频率越高，信息试错机种群的进化速度就越高。因此，种群数量高，生命周期短的生物，基因的进化会比较快；其次，基因优秀的生物与基因不优秀的生物生存率相差越大，信息试错机的效率就越高。最后，通过小的信息改动可以大幅度提高竞争力的信息试错机效率比较高，比如鸟类想适应寒冬只需要学会迁徙，而其他生物需要改动很多地方。

对于生物而言，信息试错机是遗传信息的终极来源。每一只生物都在用自己的生死在种群基因池中写上一笔。长期来看，每一只生物平均会生下一个后代，相当于它给进化提供了一到两个比特的信息量。这一点点信息量逐渐沉积在基因组上，经过不知多少代的沉积，造就了现在各种生物的基因组。什么信息可以生存，是由哪一个生物可以生存来决定的。一个生物所能做到的最卓越的事，就是利用自己的信息构建出具有强大竞争力的肉体，然后在竞争中存活，生下尽可能多的后代，把自己那成功的基因尽可能广泛地散播出去。

1.4 有性生殖的重要性

进化可以让生物适应新环境，战胜竞争者。生物进化得越快，它在竞争与适应中所能获得的优势就越大。因此，生物如果能有效地提高自己的进化速度，就会获得很大的优势。一种最常见的提高进化速度的方法，就是有性生殖。

有性生殖是两性亲本交换基因产生后代的生殖模式，与无性生殖相对。在每一代的进化中，如果新产生的有利突变可以结合在一起产生更优秀的后代，就能有效地提高进化的速度。有性生殖的最重要作用就是让不同个体身上的优秀基因可以结合在一起，加快优秀基因在种群中的结合；另一方面，有性生殖也迫使有害的基因聚集在一起或者消失，使得有害的基因被加速淘汰。这就是为什么生物需要有性生殖。

几乎所有生物都可以进行有性生殖。就算看起来没有性别的细菌也会与同伴交换基因信息。在整个生物王国中，不能进行有性生殖的生物如同凤毛麟角。它们在进化树上出现的模式，就如同一棵繁茂橡树上出现枯萎枝条的模式，分散，偶然，而且稀少。不能进行有性生殖的生物基本上不可能辐射出繁茂的后代。

如果种群中出现了两个优秀的个体：a 与 b，它们分别具有优秀基因 A 与优秀基因 B。如果它们不能进行有性生殖，那么 a 的后代与 b 的后代之间就要进行一场不死不休的竞争，直到其中一方完全被淘汰掉为止。这时，虽然 A 基因与 B 基因都是优秀的基因，但是由于 a 与 b 的后代之间不能进行基因交流，所以两个优秀基因之中只能留存一个。这是对有利基因的浪费。但是如果 a 与 b 可以进行有性生殖，那么 a 的后代与 b 的后代之间就会交配，让两个优秀的基因同时存在于一个个体体内，制造出前所未有的优秀后代。

另外，生物的信息处理能力越强，有性生殖对进化速度的促进作用就越大。因为有性生殖给了个体挑选配偶的机会。

雄性与雌性总是互相选择的。如果优秀的个体总是与优秀的个体相结合，那么优秀的基因就总是与优秀的基因相结合，这样就加快了优秀基因传播的速度，也加快了缺陷基因被淘汰的速度。生物的信息处理能力越强，它们就越能准确地挑选优秀的配偶，生物的进化速度就越快。

如果生物的信息处理能力不够强，性选择就会陷入一个误区。许多鸟类的雌性在挑选雄性的时候会观察雄性的羽毛状况。一般来说，寄生虫对鸟类来说是一种非常严重的威胁。如果鸟类身上有过多的寄生虫，那么它的羽毛就会很稀疏。羽毛丰富的鸟一般来说都是很少有寄生虫的。所以，对雌性来说，挑选羽毛丰富的雄性对它们的进化是有利的。雄性的羽毛越多，它求偶的成功率也就越高。所以，很多鸟类的羽毛多到了不必要的程度，比如天堂鸟，孔雀和锦鸡。如果雌性可以用更科学的方法来评价雄性对寄生虫的抵抗力，那么雄性就不必带着沉重累赘的羽毛走来走去了。人类在这一点上很显然做得比鸟类聪明。如果一个人想知道他的配偶有没有寄生虫，只要去婚检就可以了。人类也可能陷入这样的误区。女性总是想嫁给有钱的男性，所以她们需要男性证明自己有钱，男性就需要给女性购买钻石这样的奢侈品。虽然这些奢侈品除了证明男性有钱以外什么用处也没有。

由于性选择是增加进化速度的好方法，所以认识水平越复杂的生物，它们的性选择就越复杂。没有发达神经系统的生物，性选择的模式非常简单。个体往往只是判断一下对方与自己是不是同一物种就进行交配。神经系统稍微复杂一点的生物通常用一或几个简单的指标来判断异性的好坏，比如身体大小，颜色深浅，或者叫声是否洪亮等等。生物也可能通过打斗来决出胜负，保证只有强者才能繁殖。最复杂的生物——人，在择偶时可谓费尽千般周折。双方都用尽浑身解数来展示自己的实力，欺骗、试探、魅惑、契约、地位、金钱、博弈等都同台演出。人类其实可以算是性选择最苛刻的物种。所以，值得一提的是，人类的进化并没有停止，在社会上混得更成功的人总是能留下更多的后代。

1.5　大基因组与小基因组

生物在繁殖时会不断产生新的突变，这些突变大部分都是有害的，有少数是有利的。在进化中，带有有害突变的个体会不断地被自然选择淘汰，而带有有益突变的个体会生存下来。如果有害突变产生的速度很慢，那么这些突变会被自然选择逐渐淘汰掉；但是如果产生的有害突变太多，或者进化的速度太慢，这些有害突变就不能被很快清除。如果有害突变不断地产生，但是没有被淘汰掉，那么有害突变就会积累得越来越多，生物的竞争力就变得越来越差，最后被生存竞争淘汰。这个过程的进行就好像棘轮的运转一样，只能向一个方向进行，所以它被称为“穆勒的棘轮”原理。

穆勒是在研究果蝇受到辐射时的突变现象时提出这个原理的。他认为，这可以解释为什么生物需要有性生殖。有性生殖可以增加进化的速度，让有害的基因更快地被淘汰。那些不能进行有性生殖的生物在繁殖时产生的突变就会逐渐积累，直到有害突变太多，生物最终灭亡。那些不能进行有性生殖的生物往往会陷入这一窘境而灭亡。这就是为什么几乎所有的生物都可以进行某种方式的有性生殖。

穆勒的棘轮原理是生物基因组大小的最重要限制因素之一。一般来说，具有更大基因组的生物也会具有更多的基因，也会具有更多功能与生存策略。但是它的基因组越大，它在繁殖时产生突变的可能性就越高，它就越可能遇到“穆勒的棘轮”问题。对于多细胞动物而言，它们的基因组一般比较大，所以它们会用尽各种方法来降低自己基因突变的概率。如果它们不这么做，它们那庞大的基因组就会在繁殖中产生非常多的有害突变，它们就会灭绝。多细胞生物保护自己基因组不受损伤的能力差别不大，所以多细胞生物的基因数目都差不多，不管它们是高等还是低等。人类的基因组大小与果蝇和线虫并没有什么太大的差别。只是人类的基因组在长期的进化中优化得比较好，可以承担更复杂的工作而已。

生物产生突变的概率越低，它就越不容易积累有害突变，它的基因组就可以越大。这被称为“Drake’s rule”。需要注意的是，这种进化速度指的是它每代的进化速度，因为生物每繁殖一代都会产生突变，也都会因为生存竞争而淘汰掉一些有害的基因。只有当后者的速度超过前者，生物才可以避免穆勒的棘轮窘境。一些依靠高繁殖速度来保证高进化速度的生物在这方面是没有优势的。

“Drake’s rule”在所有被研究过的生物里都适用，不管是哺乳动物，还是细菌，还是 RNA 病毒。

我们可以建立一个模型来认识一下，为什么一种生物的基因组越大，它的突变率就必须越小。假设一种生物的基因组只有一个碱基，这种生物的基因突变率是百分之一，那么在这种生物的后代中，会有百分之一的突变体存在。再假设所有突变体都是无法生存的。那么，这种生物就会有百分之一的后代是不能生存的。如果这种生物有两个碱基，它的突变率不变，那么它的后代中就会有 $100\% - (100\% - 1\%)^2 = 1.99\%$ 的个体无法生存。如果这种生物有 10 个碱基，那么就会有 9.56% 的个体无法生存。如果它有 100 个碱基，那么它的后代中就会有 63.4% 的个体无法生存。这个比例已经非常大了。假如它的繁殖能力稍微差一点，那么它就无法延续自己了。而如果它的突变率缩小到千分之一，那么 100 个碱基的生物后代中就会有 9.52% 的个体无法生存。这就是为什么生物需要更低的突变率来维持自己的大基因组。现实中，人类的基因组突变率大概是 $1.1 * 10^{-8}$[1] 每代每碱基对，这样低的突变率使人类可以保证 3GB 大小的基因组不发生穆勒的棘轮效应。

但是一味地降低突变率很显然也不是好办法。因为突变不仅仅是有害基因的来源，也是有利基因的来源。基因组较大的生物不仅需要降低突变率来保护自己的基因不受穆勒棘轮的损害，还需要用有限的有利突变来让自己进化。而且它们进化的速度还不能比基因组较小的生物慢，因为这样一来它就会在进化中淘汰。所以，基因组更大的生物不光要具有更低的突变率，还需要有更好的进化策略，以更好地利用它们有限的有利突变。

生物必须保证很高的进化速度才能生存。复杂度更高的生物，如果不能依靠自己的复杂性产生更好的进化策略，就无法生存。或者说，如果一种生物非常复杂，那么它一定有什么方法来进化得比简单的生物快。

高复杂性的生物提高自己进化速度的方法主要有以下两个：

第一：生物的智能越强，有性生殖对进化速度的提高作用就越强。而复杂的生物往往具有较高的智能。所以，只要生物在变得复杂的同时具有了更强的智能，那么它们就可以通过有性生殖来获得更快的进化速度。

第二：对于大基因组的生物来说，它的基因往往经过简单的调整就可以适应新的环境。比如，不同的动物适应冬天所需要的进化工作量是不一样的。对于不能保持体温恒定又不能想办法取暖的动物来说，它必须要进化出抵抗冰冻的生理机制才可以，这涉及分子细胞方面的大量改动，需要的进化工作量非常大。但是对于一些哺乳动物而言，它们有一个非常强大的“进化工具箱”，其中有毛发、脂肪、恒温系统等“元件”。一种哺乳动物想要适应寒冷的气候，只要让毛变长一些，脂肪层变厚一些，其它方面做一些简单的调整就可以了。而对于鸟类而言，只要它进化出迁徙的本能就可以了，它可能完全不需要身体结构上的改变，只需要几个神经生长因子的变化就行了。这个进化工作量是非常小的。如果一个地区的气候突然变冷了，鸟类也许很快就能通过进化出迁徙的本领以适应这种变化，虽然它们的进化速度有某些方面比不上其他生物。而人类的“进化工具箱”更大。人想适应寒冷的气候只要穿上羽绒服就行了。

第三：一些拥有高效信息处理系统的生物可以在发育的过程中进行学习，这相当于它们又进化了一次。人类的基因在五万年内改变并不大，但是人的知识在不断地进步，所以人可以拥有非常快的进化速度。每一代人的基因差别都不大，但是每一代人的知识与上一代人不同，这相当于每个人在成长的过程中又进化了一次。人类基因组的复杂性与其他动物相比高不到哪里去，但是人类的总复杂性却可以比其他生物高很多。同样，一些很“聪明”的动物，比如鸟类与哺乳类，可以在一代一代的成长中积累知识与经验。虽然它们的基因进化速度并不太快，但是它们却可以很快地适应环境。

如果生物在变复杂的时候，进化速度并没有提高——就像恐龙那样——那么它们灭绝肯定是迟早的事。恐龙也许可以通过优秀的身体结构与庞大的体积来称雄一时，但是它们的进化速度却也因为庞大的身体而变慢了（体积更大的生物生命周期更长）。体型更小的生物（哺乳动物和鸟类）靠更优化的身体结构与更高的智能获得了更高的进化速度。它们不断进化出与恐龙斗争的新方法，在进化上越走越快，最终淘汰了恐龙。除此以外，不管恐龙身体多么庞大，它们都要在免疫方面与最小的生物——病原体——比赛进化速度。只要它们无法抵御病原体的入侵，再强壮的身体也无法给它们带来竞争优势。

生物在基因组大小上存在一个取舍。如果生物的基因组大，那么生物个体就可以有较强的竞争力和信息处理能力，但是它的基因产生有利突变的能力就会变慢。而如果一种生物的基因组比较小，那么它的突变率就可以更高，但是生物个体的竞争力和信息处理能力就会下降。生物有时进化得更复杂，有时进化得更简单。无论它向哪个方向进化，它们的进化速度都必须越来越高，起码要追上整个世界平均的水平。否则，它就会被淘汰。

[1] Roach JC, Glusman G, Smit AF, et al. (April 2010). "Analysis of genetic inheritance in a family quartet by whole - genome sequencing". Science 328 (5978): 636 - 9. doi: 10. 1126/science. 1186802. PMC 3037280. PMID 20220176.

1.6 神经系统与额外的复杂性

动物的竞争力很大程度上取决于动物对外界刺激的反应。如果动物具有足够丰富、灵活的生存策略，那么它生存下来的可能性也会大很多。但是动物的基因组大小是有限制的，如果动物想用基因来控制自己的每一种生存策略，就需要耗费很多基因。为了让有限的基因组可以控制尽可能丰富、灵活的生存策略，动物进化出了神经系统。

神经系统是进化史上一种伟大的发明。它具有从外界吸取信息的能力，可以让动物自行从环境中学习信息来丰富自己的行为。另外，子女可以向父母学习知识，所以父母的信息可以储存在子代的脑中，子代的信息又可以传给孙代。这样，上一代传给下一代的信息就不仅限于基因组了。把这种机制运用到登峰造极的生物是人类，但是有些其他的生物也有这种本领。老鼠就可以通过很多机制来学习什么食物是可以吃的。

老鼠早在还未出生的时候，就已经开始学习什么食物可以吃了。胎鼠可以在母鼠体内通过胎盘血的气味来得知母老鼠所吃食物的气味，并且记住这些气味。等到胎鼠长大，就会更偏好带有这种气味的食物。

小老鼠在哺乳期的时候，母老鼠所吃食物的气味会反映在乳汁的味道里。老鼠也会记住这些气味，更喜欢吃有这种气味的食物。

老鼠在第一次出洞觅食的时候，大老鼠会带着它一起走。它会向大老鼠学习各种食物的位置，获取方法，以及如何避免遇到危险，如何避开有毒的食物。

老鼠还会闻彼此的嘴与皮毛，以此来学习其他老鼠吃了什么东西。如果它们再闻到相同味道的食物，会更喜欢吃这些食物。

所以，当新的食物出现时，只要有一只老鼠吃了这种食物，所有的老鼠就都会很快学会吃这种食物。

在老鼠的生活中，最大的挑战之一就是如何判断哪种食物是可以吃的。人可以把各种各样的食物变成毒药，可以弄来各种颜色，气味，形状的毒药，可以把食物保存在各种难以搜寻的位置。如果没有非常强的寻食本领，老鼠如何能在人周围生存？如果把进化不仅仅定义为是基因的进化，也包括脑中存储信息的进化，是一切可以让动物对外界变化快速反应机制的进化，那么在所有偷吃的生物中，老鼠的进化速度是最快的。

在这些机制的帮助下，老鼠发现新食物的速度绝对会比大多数其它生物快。对老鼠来说，这是一些非常卓越的生存技巧。生物基因的数目是有限的，如果老鼠需要依靠基因来告诉它们每一种食物的好坏，基因就会背上非常重的负担。它就会陷入“穆勒的棘轮”窘境。而且食物总是在变化，食物变化的速度可能比老鼠进化的速度快。老鼠很显然选择了一个更加聪明的方法：它的基因并没有直接告诉它如何挑选食物，而是通过神经系统赋予了它从同伴那里学习如何挑选食物的能力。为了不让基因的复杂度不堪重负，老鼠通过这个巧妙的杠杆把复杂性从基因层面转移到了神经的层面。而且，通过它们的尝试，交流与学习，它们可以快速灵活地学会什么食物是可以吃的。老鼠的神经系统可以掌握非常巨大的复杂性。神经系统虽然需要很多基因才能搭建起来，但是这些代价是值得的。

神经系统并不是唯一一个有这种特性的系统，获得性免疫系统也可以掌握额外的复杂性。获得性免疫是高等动物用于克制病原体的法宝。病原体的进化速度比高等动物快，所以它们可以飞快地改变自己，让高等动物的免疫系统的无法对付它们。但是高等动物具有获得性免疫系统。它可以根据新出现病原体的表面抗原生产出针对性的抗体，以杀死病原体。这样，高等动物用一套相同的系统就可以处理许多种不同的病原体。如果让基因直接产生对付各种各样病原体的抗体，即使整个基因组都编码抗体基因也无法对付所有的病原体。获得性免疫系统用自己的信息处理能力为基因组省下了宝贵的复杂性资源。

人类的基因复杂性并不比线虫高多少，但是人类所能掌握的总复杂性很显然比线虫高得多。人类可以把信息保存在语言文字或者电子计算机中，这样更多的信息就可以积累并传递给下一代人。而且，通过逻辑，辩证法和科学方法等手段，人类可以让这些信息的进化与发展变得非常快速而且准确。

生物的进化虽然主要是基因的进化，但是在进化中涉及的信息却不只是基因的信息。在向更复杂的生物进化的过程中，基因本身的信息量很难提升，但是生物体携带的总信息量却因为像神经系统这样的杠杆而提升了。不管这信息量是由基因提供的，还是由神经系统或者免疫系统提供的，这信息量都可以提高生物的生存率。同时，神经系统和免疫系统可以在比进化短得多的时间内吸收大量信息。不管信息是在基因中还是神经系统、免疫系统中，它们对生物的生存来说是非常重要的。

当生物具备了像神经系统和免疫系统这样更先进的信息处理系统后，它就可以具备额外的复杂性。它行为与策略中所包含的信息量就有可能高于基因的信息量。这样，生物在发育中就相当于是进行了又一轮“进化”。它们基因的进化速度也许并不快，但是如果加上这一段“进化”，它们的进化速度就会远远超过简单的生物。之后我们会多次提到这种全方位的进化。为了方便起见，如果没有特别说明，我们所说的“进化”就是指的这种全方位的进化。

参考文献：

Social Enhancement of Food Preferences in Norway Rats：A Brief Review. Bennett G. Galef，JR

1.7 机会主义

1962 年，生态学家迈克阿瑟提出了种群繁殖的 R 策略和 K 策略理论。K 策略的生物个体较大，可以与天敌直接对抗，但是数量较少，繁殖较慢。而 R 策略的生物个体较小，较难与天敌生物直接对抗，但数量较多繁殖较快。K 策略的生物生存率受天敌的影响往往并不大，所以它们的种群数量主要受到环境资源总量 K 值的限制（比如土地，食物量，营巢地多少），所以被称为 K 策略生物。R 策略的生物的生存率主要受天敌数量以及自身繁殖率的影响，体现在迈克阿瑟的模型中，即受自然增长率 R 值的影响，所以被称为 R 策略的生物。

比较典型的 R 策略生物是翻车鱼，兔子，果蝇和沙丁鱼。它们的繁殖力非常强悍，但是在与掠食者的对抗中相当乏力。实际上，它们往往没有办法能阻止自己被吃掉，它们只是疯狂地繁殖自己，希望自己的后代可以比较幸运，在被全部吃掉之前就可以生出后代继承香火。比如，一只翻车鱼一次会产下五亿个卵，它在一生中可以繁殖许多次。但是这些卵中可以长大为可育后代的平均下来只有两只（一雄一雌）。这些卵绝大部分都会被各种各样的天敌杀掉。在它基因的“设计”中，这么多的后代其实主要是用来喂天敌的。它们是彻头彻尾的机会主义者。

这就导致一个后果：不管一个个体的基因有多么的优秀，

它们都需要用运气来决定自己的生死。生存这件事情多少要靠运气，但是如果个体的生存很大程度上不取决于个体的基因是否优秀而取决于运气的话，自然选择的作用就变得有限了。假设一种最极端的状况：一种生物的个体能否生存完全与运气无关，只取决于它的基因是否优秀，那么生存下来的个体就都有非常优秀的基因，生物的进化就比较快；而如果一种生物的个体能否生存下来只取决于运气，那么它的基因是不是优秀也就无所谓了。优秀的个体不能得到更高的生存率，很多差劲的个体也可能只是因为运气好而活下来。后一种情况下，生物的进化速度一定比不上前一种快。

所以，不要看 R 策略的生物子孙繁多，它们进化的速度并不一定比 K 策略的生物快，因为它们在生存竞争中试错的效率不如 K 策略的生物。一只 K 策略生物在进化中所起的作用要远远大于一只 R 策略生物在进化中所起的作用。

R 策略的生物可以说是机会主义者，而 K 策略的生物相当于实力派。只有当生物在竞争中得到充分地考验时，生物基因的好坏才能显露出来。机会主义者在采用机会主义路线的时候，把自己发展的前途也机会主义化了。

1.8 复杂性的限制

我们之前提到过，生物的基因组大小是受进化速度限制的。但是这并不是限制生物复杂性的惟一原因。信息量的限制只是复杂性限制的一个方面。通常情况下，复杂性本身受的限制才是最重要的限制。

如果动物想要多进化出一个器官，就必须要给这个器官提供发育，保护，营养，供血，再生，支撑和免疫等服务。如果这个器官的负担很重，那么这种动物就需要更强大的心血管系统，更强大的运动与支持系统与更强大的免疫系统。对免疫系统，运动系统和消化系统的额外要求同时也意味着这几个系统对供血系统的额外要求。除免疫系统外其他系统的增生也会对免疫系统带来更大的压力。这些压力如同滚雪球一样无休无止。同时，多了一个器官往往意味着生物生长期变长，营养消耗增多，因此生物的进化也就变慢了。

长得更大，更强壮，速度更快可以让生物具有额外的竞争力。但是长得太大，生物的各个系统负担过重，也会导致生物竞争力的下降。一味地追求某一方面的竞争力的物种，常常会被其造成的负担拖垮。巨大的恐龙虽然可以随便欺负体型更小的生物，但是它的进化速度却因为低种群数量和长生命周期而受到了限制，而且巨大的体型也使它们在运动时的反应速度受到限制。猎豹的速度非常快，但是由于它在速度给它的心肺带来巨大的负担，使它持续运动的能力非常差，经常在捕猎后精疲力竭的时候被鬣狗抢去食物。而且，它的肌肉大多用于奔跑，它打斗的能力反而不足，所以它只能追捕同样主要用速度作为自卫手段，缺乏打斗能力的瞪羚。

生物在进化中，最有效的策略并不是单纯地强化某一方面的能力，而是尽量发展一些具有强大功能的系统，让这些系统在尽可能少制造负担的前提下完成尽可能强大的功能。比如，生物的循环系统越强大，它就可以维持越大的躯体。另外，各个系统的进化是互相支持的。一个系统越发达，它对其他系统的支持作用就越强，其他的系统就能变得越强大，反过来其它系统对这个系统的支持也就越强大。神经系统与运动系统的相互作用最能说明这一点：发达的神经系统让运动系统更有用武之地，而发达的运动系统又给了神经系统更多的训练，让神经系统的扩张变得有利可图。神经系统可以调动运动系统的一切功能来放大自己的作用，运动系统也可以更好地保护神经系统不受伤害。

如果动物的复杂性可以让它具有更强的信息处理能力，那么这种复杂性不但不是负担，而且还可以为它降低其他方面的复杂性负担。一些神经系统不发达或者无法向同伴学习知识的生物只能受基因来指导什么样的食物是可以吃的，比如大多数昆虫。如果食物来源稍微有变化，它们的生存就会面临挑战。而老鼠在食物选择上虽然也受基因控制，但是在社会学习的帮助下，它的基因可以少干很多事。这样就降低了基因复杂性的负担。

进化的历史，就是一部复杂性突破各种障碍不断提升的历史。在这个过程中，各个系统在互相的帮助下，能力都在不断提升。

最早的生物是原核生物。对于它们来说，一个细胞内能放下的物质的量就是它们复杂性的极限。一个细胞如果过大，细胞内物质扩散速率就会很慢，单细胞生物的竞争力就会下降。

所以一个细胞内表达的基因数也不能太多，因为一个细胞需要足够大才能才能容纳这么多的基因表达、翻译、相互作用。除了一些特殊情况以外，原核生物细胞的尺寸是变化不大的。

后来，真核生物出现了。真核生物与原核生物的最大差别之一，就是真核生物有很多由膜围成的细胞器。这些细胞器的作用在于，把细胞内部分割成许多空间，使得各种不同的化学反应可以被隔离开，也就增加了细胞内化学反应复杂性的上限。而且，膜的增加也增加了细胞内的膜表面积——膜可以作为各种蛋白质的附着位点，所以膜面积的提高可以增加蛋白的附着位点。这样，真核生物单个细胞能容纳的复杂性就会高于原核细胞。所以真核细胞一般都比原核细胞大很多，基因数目与总复杂性也比原核生物大很多。

但是单个细胞的复杂性还是太有限。除了极个别的特例以外，真核生物细胞的大小都是差不多的，这也从一个侧面说明单个细胞复杂性的限制。如果真核生物还想提高自己的复杂性，就需要进化为多细胞生物。不同的细胞可以各司其职，这样生物整体就可以掌握更大的复杂性。但是对于多细胞生物而言，它单个细胞内的复杂性仍然受到与单细胞生物一样的限制。它只不过是用多细胞这一个技巧绕过了这个限制而已。

动物的循环系统可以方便营养物质与信号分子的传递，所以有发达循环系统的生物可以长得更大。没有任何循环系统的动物一般都是毫米量级的（线虫，扁形动物等。部分腔肠动物是例外），具有开管循环系统的动物可以长到几十厘米长（节肢动物，甲壳动物），具有闭管循环系统的动物可以长到几米长（软体动物，脊椎动物），具有双循环系统的动物可以长到几十米长（哺乳动物蓝鲸）。

神经系统可以增加动物的信息处理能力，可以用较小的基因代价控制更多的信息，所以有发达神经系统的动物可以具有更高的复杂性，远远超过基因组信息量的限制。

以上每一次进化，都提升了生物复杂性的上限。最高等的生物——哺乳动物仍然要受到各种原始的复杂性限制影响。它们单个细胞内的复杂性仍然受到细胞大小的影响，它们基因组的大小仍然受到突变率的影响，它们身体的大小仍然受到循环系统工效的影响，它们神经系统可以最大化地提高它们的复杂性，但是神经系统的规模却仍然受到以上所有复杂性限制的影响。生物通过各种杠杆使自己绕过各种复杂性限制，但是它们总是在各种不同的层次上受到复杂性的限制。这些杠杆越多，生物的总复杂性就越高，它就可能具有越强的竞争力。

人类能具有现在的成就，是各个系统共同作用的结果。人思维的基础是神经系统，它有几亿个神经元。而且这些神经元需要随时保持在营养丰富，温度稳定，不受病原体侵害的状态。没有以上所有系统的帮助，人类的神经系统是无法工作的。

1.9 复杂性的堆积

细菌有一种有趣的本领：它们会吸收外部环境中的 DNA 分子，并且把它们整合到自己的基因组里面去。就像中学课本里讲的肺炎双球菌转化实验那样：一种细菌本来是不能感染人的。但是如果我们在它们的培养基里面加入了一些 DNA 片段，有些细菌就会把这些片段吸收进自己体内，获得新的基因，变成对人有感染能力的细菌。细菌可以用这种方法来获得新的基因，获得新的能力。基因可以在不同种类的细菌之间流动。这大大增加了它们的进化速度。

但是，为什么高等的生物都没有这一本领？这到底是一种优势还是一种劣势？

答案是，如果这么做有益，那么高等生物完全可以进化出这种能力。但是由于高等生物的复杂性远远高于低等生物，所以这么做对高等生物来说完全没有好处。

高等生物的复杂性是极高的。任何一个系统，任何一个组分的变化都将牵一发而动全身。所有系统都在互相支持，关系盘根错节。人体一个小小的突变就可能导致死亡或者严重的疾病，基因成片段的增加或者缺失几乎一定会导致重大的问题。如果人真的从环境中吸收 DNA 并且整合进自己基因组里，那么结果一定是灾难性的。

但是对于结构简单的细菌来说，它反而可以从中获利。因为细菌的结构完全没有高等动物那么复杂。多几个基因不会对它造成什么影响。况且，细菌对自己的基因组没有很好的保护能力，所以不管它引不引入外来的 DNA，它自己的基因组都会有极高的概率会突变。再加上细菌的种群数量巨大，即使一个细菌吸收了错误的基因，也不会让给种群的延续造成麻烦。而只要一只细菌吸收了正确的基因，它就可以飞速地繁殖，把种群延续下去。所以，这种机制对它来说是有利的。

复杂生物的进化更多的是微调，而不是大刀阔斧的改革。比如说陆生脊椎动物的四肢，在进化的过程中基本上没有什么大的改动，就只是把各个不同的部分改长一点，改短一点，改细一点，改粗一点，就可以变成人的抓握肢，马的奔跑肢，鲸的游泳肢和蝙蝠的飞翼。所以复杂的生物虽然在进化上更保守，好像进化速度降低了很多，但是由于它有足够大的进化工具箱，所以在适应新环境的时候只要通过微调就可以达到目的。

生物在进化中，复杂性总是需要积累。但是在积累的初期与后期，进化的模式是非常不同的。在初期，生物可以比较随意地添加新功能。而在复杂性积累的后期，各种增加复杂性的杠杆互相作用，整个生物体为了突破复杂性的限制而变成了一团剪不断，理还乱的东西，想做任何大规模的改变都是非常困难的。这种状况我们称之为复杂性堆积。我们在后面可以看到，人类与社会也会遇到复杂性堆积现象。

1.10 自私的基因：牺牲与传承

有一种蜘蛛（Stegodyphus lineatusis，semelparous）具有非常极端的育儿行为。小蜘蛛在出生之后会吸食母蜘蛛的体液，而母蜘蛛竟然也一动不动地让小蜘蛛吸食。小蜘蛛把母蜘蛛的体液吸干，母蜘蛛也就死了。

母蜘蛛为什么会心甘情愿地被吃掉呢？我们可不可以有一个比“母爱”更充分的，看起来比较科学的理由？

原因是自私的基因。母蜘蛛的行为是受基因控制的。如果母蜘蛛的基因命令母蜘蛛牺牲自己给小蜘蛛吃，那么小蜘蛛就会获得更多的营养，更容易生存下去。小蜘蛛携带有母蜘蛛的基因，所以如果小蜘蛛能更好地存活，那么这个基因也就能更好地存活。而母蜘蛛的死活却是不需要考虑的，因为母蜘蛛反正也不会再次繁殖了，它即使继续活下去也不能生出更多的后代。

基因通过繁殖来在代与代之间传递。不管一个基因是让动物变得更雄壮，更弱小，更机灵，更麻木，更自私，还是更无私，只要这个基因能让动物产生出更多的可育后代，那么这个基因就可以被复制成好多个，它就可以流传下去。相反，如果一个基因会让动物产生出更少的可育后代，那么这个基因的复制本就越来越少，最后会消失。

动物如果不繁衍后代，那么它们的寿命大多会变长，它们的生活也不需要如此劳累。但是如果一种动物的基因不驱使它繁衍后代，那么这个基因就无法获得更多的复制本，它就会消失，不被我们观察到了。即使一个基因以很极端的方式压榨动物，让它把一切都奉献给后代，只要这样做可以让动物产生更多的后代，只要让这个基因能获得更多的复制本，那么这种方式就会流传下去。这不是对或者错的问题，这是在自然演化中会实际发生的事情。

对于雄性蜘蛛而言，它的基因同样要驱使它去获得更多的后代，而且必须是自己的后代。同一个物种的雄性蜘蛛一方面会尽力与母蜘蛛交配，另一方面，如果雄性蜘蛛碰到一个已经产卵了的雌性蜘蛛，那么它有的时候会吃掉卵，这样的话雌性蜘蛛就会不得不与它交配。

雄性动物有的时候也会做出牺牲之举。雄性螳螂与雌性螳螂交配的时候，雌性螳螂有时会把雄性螳螂吃掉。而且最有意思的是，被吃掉一半的雄性螳螂仍然可以完成交配，让雌性螳螂产下自己的后代。如果有什么东西会导致雄性螳螂的死亡（比如天敌蜘蛛和鸟类），那么螳螂一定会避之唯恐不及。但是雌螳螂却会吸引雄螳螂。因为即使雄螳螂被吃掉了，它的基因也会活下去。它的死亡不会影响基因的传播。

如此看来，生物就像基因的载体。在生物繁殖之前，基因会竭力保证生物的生存，因为如果生物死掉基因也就跟着消失了。但是在生物繁殖之后，如果生物继续生存下去不会给基因复制带来更多的好处，那么基因就不关心生物的死活了。在进化中，基因就像一个自私鬼。不管用什么方法，只要能让自己被更多地复制，这个基因就会被复制，就会流传下去；任何与基因的复制率无关的东西，都会被基因无情地抛弃。理查德·道金斯在《自私的基因》一文中描述了这一原理。

有一篇叫作《子宫里的战争》（《War in the womb》）的文章。作者描述了人类的胎儿与母亲在进化中的各种斗争。对于母亲而言，她最好可以连续生育许多个胎儿，这样她才可以把自己的基因复制尽可能多份；对于胎儿而言，它只需要让自己生存下去就可以保留自己的基因，所以它最好尽可能地吸收营养以让自己长大，不必管母亲的死活。而母亲需要尽可能地控制胎儿得到的营养，让胎儿只获得足够自己生存的营养，以免自己蒙受太大的损失。胎儿会向母体内输出肾上腺素以增高母亲的血压，输出胰高血糖素以增加母亲的血糖，并且分泌大量的血管生成素以增大供血量。母亲的子宫则警惕地监视胎儿的动向，一旦发现胎儿不健康或者索取太多，就阻止胎儿获得更多的资源，甚至停止供养胎儿，将其排出体外。胎儿为了防止母亲将自己排出，就把血管扎得非常深，以至于母亲如果想要放弃胎儿就要冒着大出血而死的风险。母亲为了保留排出胎儿的权力，宁可每月一次地让子宫内膜整个脱落掉，这样不管胎儿的血管扎得多么深，都不可能赖着不走……母亲与胎儿的"遗传利益"已经非常靠近了，但是它们"遗传利益"的微小差异已经可以导致这样惨烈的斗争。

并不是所有生物的母子之间都存在这样激烈的斗争。人类母子之间的斗争比其他生物都强，一部分是因为人类胎儿的脑太大，给母亲造成了过大的压力。胎儿索取越多，对自己就越有利。所以母亲不得不限制胎儿无止境的索取。

理查德·道金斯同时把自私的基因原理引申到了两个方面：

一方面，被传播的文化（模因）与基因一样，都是自己令自己复制的信息。模因也会像基因驱使动物那样驱使人。所以，有些时候，我们的行为受到文化的约束，其实是因为这样可以更好地帮助模因传播。比如谣言和群体无意识等等。在这一方面，他的学生苏珊·布莱克摩尔写了一本书《谜米机器》

作了更详细的论述。

另一方面，他在著作《延伸的表现型》中指出，基因作用的范围不只是个体。蚂蚁受基因的驱使建起了蚁巢，河狸受基因的驱使建立起了堤坝，蚁巢和堤坝也应该是基因产物的一部分。有一个非常有趣的例子：有一种真菌会感染蚂蚁。在感染的末期，蚂蚁会自己爬到树的高处，把自己挂在树上，这样在蚂蚁体内的真菌就可以更好地散播孢子，去感染其他蚂蚁了。这些“僵尸蚂蚁”的行为很显然是受真菌基因的控制，而不是受自己基因的控制。对于这种真菌的基因来说，它作用的范围不只是自己的身体，还包括蚂蚁的身体。延伸的表现型理论很显然是对自私的基因理论更深入的阐发。基因不管在多大的范围内活动，只要活动的结果是有利于自己繁殖的，那么基因就可以复制和传播。

“自私”与“无私”都是人类根据自己的主观意识给行为打上的标签。对于自然界来说，一种行为是自私的还是无私的，都不重要。只要调控这种行为的基因可以被传播下去，它就会一直传播下去。所有现象都是在根据自己的功能与效果在这世上生存。

1.11 反叛的蜜蜂

蜜蜂是社会性的昆虫。蜂群的每一个个体都无私地为女王服务。工蜂都是不繁殖的，蜂群中只有一个蜂王是可以产卵的。它会在不同的情况下生出受精卵（发育成工蜂或者蜂王）或者未受精卵（发育成雄蜂）。如果与人类社会相比的话，一个蜂群要比有史以来任何一个人类王国都要专制。人类的王国至少还不会剥夺自己所有成员的繁殖权。而且人类王国中，每个人一般都有每个人自己的利益，不像蜂群中那样，所有工蜂都为蜂王一人服务。

有趣的是，研究发现，确实有一些工蜂是“自私”，“反叛”的。工蜂有的时候也是可以产卵的，而且特别喜欢挑选繁殖季节来产卵，这样它的卵就可以被孵化为雄蜂，参与繁殖，然后产生出新的蜂王。它自己的后代可以成为蜂王，拥有众多的子嗣。

蜂王很显然不喜欢这样的事发生，所以蜂王会在卵上涂抹自己特有的外激素。工蜂在巡视卵的时候，如果发现卵上没有这种激素，它就会把卵吃掉。大概有六分之一的雄蜂卵是工蜂产的，但是只有千分之一的雄蜂是工蜂的后代。大部分反叛者的卵都被吃掉了。

而那些反叛的工蜂当然不能眼睁睁地看着自己辛苦产下来的卵被吃掉。所以有些反叛工蜂进化出了这种能力：它们产的卵可以让其他工蜂更难识别，更难被清除掉。道高一尺，魔高一丈。

这些攻防机制的存在说明，这场反叛与效忠之间的战争已经进行了很长时间，而且相当激烈。为什么工蜂和蜂王之间要进行一场这样的战争？它们不都是“自己人”吗？

要想搞清楚这个问题，我们先要从社会性昆虫的进化谈起。

现在有这样一个基因A：它告诉动物要帮助自己的父母和兄妹，那么基因A在有些情况下是符合进化趋势的。假设一对父母都有基因A，它们生下了6个兄妹，当然也都具有基因A。现在灾害来临了，其中某一个兄妹受这个基因驱使帮助了自己的其他家人，自己却牺牲了。再假设如果他不帮助自己的兄妹的话，这六兄妹加上父母就至少要死掉四个。那么在前一种情况下，基因A会留下5个复制本，而在后一种情况下基因A只会留下2个复制本。所以，有这个基因的父母可以产生5个后代，而没有这个基因的父母可以产生2个后代。所以这个基因在长时间的自然选择后，会逐渐在种群中传播开来。

当然，这个基因不总是能在传播中占据优势。如果一个群体中的有些成员拥有互助的基因，有些成员没有互助的基因，那么不互助的成员就会白占便宜而获得更多的优势，互助的基因就会被不互助的基因淘汰。但是假设出现了基因B：它让家庭成员分为两种，一种只负责产卵，另一种只负责帮助其他成员，不能产卵。在这种情况下，只要负责产卵的那只个体具有互助的基因，整个家族中互助基因的频率就会提高，互助的行为在家族中起的作用就会变强。把生育权集中在一个个体上，可以通过提高互助的程度来增加生物的竞争力。

一个广为流传的误解是，社会性昆虫把生育的能力集中在一个个体身上，是因为这个事件本身可以使基因产生更多的复制本。需要指出的是，并不是产卵者产的所有卵都是有效的复制本，只有可育卵才是有效的复制本。比如说在蜜蜂这种社会性昆虫中，蜂王是负责产卵的个体。它一辈子会产出许多工蜂，这些工蜂一般情况下是没有什么机会来产生后代的，也就无法把基因传给下一代，形成有效的基因复制本。蜂王产生的有效复制本是雄蜂和处女蜂王。对蜜蜂而言，蜂王产卵的效率高了很多，但是它产的绝大多数卵都是用来孵化工蜂的，只有少数卵可以产生后代。所以，把产卵能力集中到蜂王身上，其实并没有提高太多基因复制自己的能力。生育能力之所以需要集中于一个个体身上，真正重要的原因是它会促进互助，而互助可以提高竞争力。互助的好处主要有两点：一是增加群殴时的实力，另一个是分工。

社会性昆虫的进化过程大致就是这样。首先，昆虫营造一个封闭的育儿环境（比如洞穴）是对繁殖有利的。蟋蟀和埋葬虫就是这样做的。如果子代在长大后并不离开这个封闭的空间，而继续在这个空间里继续繁殖后代，对它们的繁殖也是有利的。比如一些鞘翅目昆虫，它们会在树皮下面蛀出一个空腔，父代，子代，孙代一直在这里待下去。或者五倍子蚜虫，它们会刺激植物产生虫瘿，把一家子蚜虫包在里面，然后几代蚜虫都生活在一起。接着，在这个封闭的空间里，这些昆虫都拥有相似的基因。所以，如果母虫带有驱使它们互相帮助的基因 A，那么在这个封闭空间里面的昆虫就都会互相帮助，彼此获利。在这种情况下，基因 A 对这种昆虫是非常有利的。之后，促进协作的基因 B 的出现也就变得有利。

社会性昆虫的进化是一个持续的，渐进的过程。在这个过程中的每一步，进化的工作量都不大。而且，这个过程中的每一步都是受自私的基因驱动的。社会性昆虫的进化并不是一件非常偶然的事。在膜翅目（蜜蜂，蚂蚁，寄生蜂）昆虫中，社会性至少独立进化了十几次。

蜜蜂社会性的进化大概是这样的：一开始，母蜂进化出了生产蜡的能力——这一能力在许多生物门类中都出现过，机理并不复杂。之后，它开始用蜂蜡把卵包起来以进行保护。之后，它把蜡质的卵壳造得大了一些，让孵化之后的幼虫也可以生存在里面，自己用蜂蜜喂养幼虫。再之后，一只蜜蜂会在同一个地点连续地产卵，这样可以减少筑巢和防卫所需要的工作量。这时，由于在同一个营巢地附近的蜜蜂都具有某种程度的亲戚关系，所以互助的基因 A 与集中生育权的基因 B 也就会出现。

蚂蚁的社会性进化与蜜蜂大致相同：一开始，蚂蚁都是“单干”的。后来，它们选择挖一个洞来产卵。再后来，它们打洞的技术进步了，于是就反复利用这个洞，在这个洞里产不止一批卵。再之后，子代的蚂蚁选择再回到这个洞来产卵。这时，一个洞里都是亲戚，于是互助的基因 A 与集中生育权的基因 B 也就会出现。

那么，为什么蜜蜂会反叛呢？

我们先称“反叛”基因为基因 C。它的作用是，驱使工蜂产下一颗卵，这颗卵会发育成为雄蜂（由于雌性的工蜂不能交配获得精子，所以只能产生单倍体的雄蜂）。工蜂的这种现象涉及生理与行为的很多方面，当然不是一个基因就能控制的，我们只是把所有与之相关的基因放在一起称之为 C。如果工蜂具有基因C，它产下的雄蜂当然也携带有基因C。雄蜂在蜂王交配后，可能会产下具有基因C的蜂王。如果带有基因C的雄蜂与带有基因C的蜂王交配，它们的后代中就会有反叛的工蜂存在。这些工蜂又会产下反叛的雄蜂，基因C就在这个循环中不停地自我复制。

个别品系的工蜂还真的“反叛成功”了。在大多数蜜蜂中，工蜂由于不能交配所以只能产生雄蜂。但是在一个品种的蜜蜂（Apis mellifera capensis）中，工蜂可以通过假有丝分裂产生新的工蜂。这些工蜂会侵入到其他的蜂巢里面去产卵，这些卵有非常强的混淆力，让被入侵蜂巢的工蜂无法判断是不是蜂王产的。这些卵长大后，又成了反叛的蜜蜂。它们继续在这个蜂巢里产卵，再孵化出新的反叛蜜蜂，直到这个蜂巢的资源被耗费光为止。

当然，这些反叛的工蜂一般情况下并不能像上面这种蜜蜂那样为所欲为，因为其他的工蜂会不停地检验巢中的卵是不是蜂王下的。如果卵上没有蜂王独特的外激素，那么工蜂就会把这些卵吃掉。这种行为被称为“警察行为”，它是如何进化的也很容易解释。如果工蜂可以通过自己产卵的方式来繁殖，那么它就会进化得越来越懒。因为这样的工蜂即使不为群体付出也可以留下后代。这样的懒工蜂很显然对群体是有害的。如果一个蜂群中有很强的警察行为，那么这个蜂群的后代蜂群中，出现这种懒工蜂的可能性就会比较低，蜂群的发展就会比较成功。所以“警察行为”是符合进化趋势的。

那么，在警察行为的制裁下，反叛蜜蜂的行为会被完全制止吗？我认为不会。

反叛的蜜蜂繁殖一代的速度较快，但是它生产的雄蜂没有蜂王多，所以它们的进化速度各有千秋。反叛蜜蜂进化出新的反叛策略的速度与蜂王进化出新警察策略的速度是差不多的。如果它们一直进化下去，由于两方面的进化速度都差不多，所以它们会不停地进化出新的斗争手段，但是谁也不会把另一方完全压倒。

从另外一个角度来说，反叛行为一定程度上增加了社会性昆虫的进化速度。因为一个蜂王所产的工蜂不都是同样健康的。那些能逃过警察行为，产下卵并孵育出后代的工蜂，不仅仅是自私的背叛者，也是生存斗争的优胜者，它们也许有一些更好的基因。一个蜂群内部的基因相似度极高，而且只有蜂王可以产生后代。所以在进化中，一个蜂群更像是一个个体而不是一群个体。这样促进了协作，让蜜蜂有更高的复杂性和更强的竞争力，但是也让蜜蜂在进化中的有效种群大小降低了，使它们的进化速度变慢。反叛的蜜蜂虽然损害了协作，但是它们也增加了蜜蜂进化中的有效种群大小，增加了蜜蜂的进化速度。在反叛行为与警察行为的博弈中，工蜂的反叛行为被限制到了不会对协作造成很大影响的程度，但是反叛行为对进化速度的贡献又使得反叛行为不会被杜绝。这种平衡最终达到的结果是，让蜜蜂在竞争力与进化速度上达到双赢。

基因是自私的，但是什么样的基因更有自私的权力和机会？在反叛的蜜蜂事件中，我们可以看到，反叛的基因之所以可以与警察基因抗衡，就是因为这两个基因有相近的进化速度。再往深层次看，反叛的行为通过增加进化中的有效种群大小而增加了进化效率，而增加的这部分进化效率是有利于反叛行为而不是有利于警察行为的，所以反叛行为与警察行为才能有相近的进化速度。

能提高信息进化效率的突变，在有些情况下可以利用这提高的效率进化出更多保护自己的基因，从而让自己生存下来。在这个例子中，看上去蜜蜂的背叛是由于“自私的基因”。但是基因无不自私。当自私的基因与自私的基因起了冲突之时，哪个基因更有自私的权力，就看哪个基因的进化速度更快。而如果其中一个基因可以提高自身的进化速度，那么这个基因就可以赢得更多的支持，从而在自私基因大战中获得优胜。

1.12　信息总是选择更适宜进化的地方

很多人都有惧怕蛇的本能。因为对于人的祖先——猴子来说，蛇是非常可怕的敌人。人的这种本能是由基因来控制的，而我们之所以有这样的基因，是因为我们的祖先如果没有这个基因，就无法存活至今。

但是如果今天一个人缺乏惧怕蛇的本能，却不会受到什么不良影响，哪怕他天天与剧毒的蛇类打交道。因为人有学习和理解的能力。即使人没有躲避蛇的本能，他也可以从其他人的口中得到这个信息，或者从书本中学到这个信息，或者从观察和理解中得到这个信息。对蛇的惧怕反而妨碍了人们正确应对蛇的危害，因为它使我们难以冷静下来。

同样是“怕蛇”这个信息，既可以由基因来控制，也可以由后天习得。作为本能，它是受基因控制的，由基因的自然选择产生。作为知识，它可以被习得，是不受基因直接控制的。有些生物学习记忆的能力并不强，它们就只能通过进化新本能来适应新情况。如果一种鸟儿从来就没有受过蛇的威胁，也没有惧怕蛇的基因（比如关岛上的一些鸟类，它们在棕树蛇被引入之后几乎被屠戮殆尽），在它突然接触到蛇之后，就需要在许多代的进化之后才能获得这样的本能。但是一群从来没有见识过蛇的人如果接触到了蛇，他们就可以通过很少的几桩蛇伤人事件总结出经验，想出对策，再通过互相交流来把“怕蛇”的信息传遍整个部落。

那么，如果一群人一开始的时候没有恐惧蛇的本能，在他们接触蛇以后，他们有可能在基因上进化出这种本能吗？

应该是不会的。鸟儿们会获得怕蛇的本能，是因为只有那些怕蛇的鸟儿才能活下来，而没有这种本能的鸟儿都死于蛇口了。但是人类在接触蛇以后，会首先通过学习，记忆，思考与交流获得对付蛇的方法。不管一个人有没有怕蛇的本能，他的大脑都能成功地对付蛇，让他从蛇口中活下来。具有怕蛇本能的人，相对于没有怕蛇本能的人，并没有什么竞争力上的优势。所以如果人类一开始并没有怕蛇的本能，但有学习理解能力，那么他们永远不会进化出怕蛇的本能。如果真的有人在蛇的威胁下被淘汰，这些人应该也是智商低的，动手能力弱的，交流能力弱的，而不是不怕蛇的。

对人来说，如果出现了更新的威胁，首选的解决方案并不是基因的进化，而是新知识的获得。进化出一个新基因需要许多代的时间，而一个新的知识产生并在整个文明圈里传播却用不了多少时间。一般来说，远远在基因对威胁做出反应之前，大脑就已经解决了这件事。所以在人类文明的发展中，绝大多数的事件的解决都是大脑完成的，而不是基因。当然，大脑实在解决不了的事除外，比如肌肉、骨骼、消化系统、免疫力等等。在人类没有发明现代医药的时代，人类对付瘟疫的最有效手段就是让疾病杀死所有没有抵抗力的人，只剩下那些有抵抗力的人。之后，这些人的后代就不怕这种瘟疫了。而在人类发明现代医药之后，人类的智力可以使人获得更好的医疗条件，所以免疫方面的功能也越来越多地受智力的影响而不是免疫力。

在应对新的危机时，大脑总是比基因抢先一步；在应对旧的危机时，大脑也总是抢基因的工作。许多人并没有怕蛇的本能，但是这丝毫不会影响他处理蛇的能力，因为他不管怎样都会获得关于蛇类危害的知识。这可以看成是一个信息从基因转移到了大脑。

类似的事件还有很多：苯丙酮尿症是一种遗传病，病人原来无法活到成年。但是在医学发达的今天，我们知道这种病是因为摄入的苯丙氨酸无法代谢而产生的，所以病人只要吃不含苯丙氨酸的食物就可以减轻症状。这样可以看成是一个原来用于调控代谢的信息从人类的基因转移到了人类的食品工业体系与认识体系中。不管这个信息存在于何处，只要它存在，人就可以生存。

有少部分人天生具有艾滋病的抗性。对他们来说，艾滋病根本就不是一件需要担心的事，而对其他人而言，艾滋病却是一种绝症。如果人类没有先进的医疗手段，其它人想要获得艾滋病抗性的最好方法就是与这些人结亲，这样他们的后代就对艾滋病免疫了。但是随着我们对艾滋病治疗方法的改进，没有抗性的艾滋病患者只要定期服药检查，也可以活到正常寿命，进行与常人无异的活动了。当然，现在我们还无法治愈艾滋病，只能控制它不发病；而一个不发病的患者一样可以传染艾滋病。一个基因与一套疗法具有相似的作用。对抗艾滋病的信息既可以存在于基因中，也可以存在于现代医学体系中。但是从现代医学体系中获得抗性的方便程度要远远高于从基因中获得抗性的方便程度，而且医学方法可以更高速地进化，所以要解决艾滋病问题大可不必依赖那些天生有抗性的人。

信息总是选择更适宜进化的地方。如果同样效果的信息可以存在于两个不同的平台，那么其中哪个平台的信息处理效率更高，哪个平台就更可能先进化出这个信息。而当这个平台进化出这条信息后，另一个平台就没有选择压力来进化出这条信息了。我们称之为“怕蛇定律”。我们的大脑在处理信息的时候往往比基因快一步，所以一般来说大脑会处理所有需要解决的问题。

不仅大脑与基因之间存在这样的信息流动，基因也会从进化速度低的地方流向进化速度高的地方。生物的基因大多数位于染色体上，但是也有少数位于质体（线粒体和叶绿体）中。

近年关于基因组的研究发现，有许多基因原来应该是位于质体中的，但是后来转移到了染色体中，这也许就是因为染色体中基因的进化速度要快于在质体中的进化速度。染色体中的基因受到核膜与组蛋白等结构的保护，受到损害的概率要远远小于质体中基因受到损害的概率。而且，染色体中的基因还会在繁殖时经历同源重组，这样有利于基因的交流，增加了进化速度。另外，染色体基因具有内含子——外显子结构，可以让基因的功能更丰富，也可以让基因具有更高的进化灵活度，让基因经过少许改动就可以承担更多功能。但是线粒体 DNA 中不存在这样的结构，叶绿体 DNA 中只有少数有内含子——外显子结构。因此质体中的 DNA 进化灵活度就比不上基因组基因的进化灵活程度。所以，假设基因以相等的速率在质体与染色体之间互相转移。如果一个基因在染色体上，那么它就会更快地进化，给它的宿主提供更多的竞争优势；而如果一个基因在质体上，它的进化就会很慢，它的宿主进化就会较慢，就会在竞争中处于劣势。所以，位于染色体上的基因会更有“前途”。

在基因组中，不同染色体上的基因进化速度也是不一样的。性染色体中有些部分由于雌性与雄性不对称，是无法在繁殖时进行交叉互换的，所以性染色体这一部分上的基因进化速度就会比常染色体慢一些。因此，在进化中，性染色体上的基因总是向常染色体转移，所以性染色体一般都会比常染色体小一些。

纤维素酶的进化也可以印证怕蛇定律。纤维素酶是一组酶的总称，成分和结构非常复杂。它一般只存在于比较低等的生物中，比如真菌，细菌，昆虫，蜗牛等。脊椎动物全都不能产生纤维素酶。

高等生物自己不能分泌纤维素酶，但是它们常常与各种产生纤维素酶的细菌共生。最典型的例子就是牛羊，它们的瘤胃中储存有大量可以分泌纤维素的细菌。有一部分昆虫无法产生纤维素酶，但是却以纤维素为主要能量来源，比如白蚁和蚂蚁。白蚁消化道中有可以分泌纤维素酶的白蚁共生原虫。切叶蚁用切碎的叶子培养真菌，让真菌消化纤维素，然后采食真菌。

低等生物在生化方面的进化比高等生物快，所以当宿主面临消化纤维素的进化压力时，共生菌总是更快地进化出纤维素酶。而只要共生菌进化出纤维素酶，宿主就可以消化利用纤维素了，它就失去了进化纤维素酶的动力。这就是为什么高等生物都不能自己产生纤维素酶。

信息总是选择更适宜进化的地方。生物总是需要尽可能地提高自己的进化速度。如果生物进化出了效率更高的信息处理平台，那么信息就会不断向这个信息处理平台转移，这样不但增加了进化速度，也提高了生物的复杂性上限。绝大多数生物的主要信息处理平台就是基因的进化。而对人来说，大脑是另一个重要的信息处理平台。大脑在做绝大多数信息处理工作的时候，效率都远远高于进化。所以人类生存所需要的信息会越来越多地积累到大脑以及能与大脑互相传递信息的各种媒介中，比如文字。这并不是背叛，而是进步中必然的趋势。DNA的进化也不是最初的信息处理平台。很多科学家相信在 DNA

之前，RNA 曾经是生物信息的主要储存与执行者。后来，由于 DNA 的稳定性更高，可以承载更多复杂性，更适宜进化，所以 RNA 的信息就逐渐都转移到了 DNA。这个过程，与今天发生的事其实非常相似。信息从来不会只忠于某一个个体，也不会只忠于某一个信息处理平台。当效率更高的信息处理平台出现后，不仅旧的信息会争先恐后地涌入这个平台，新的信息也会因为更高的效率而产生于这个平台。到后来，或许还会进化出更新更好的信息处理平台，来把自己淘汰掉。这个过程永远不会终止。

1.13 万能的信息

在六千五百万年前的中生代，爬行动物是这个星球上的主宰。爬行动物中有专门吃植物的巨型蜥脚类恐龙，有海里的鱼龙，有单独行动的大型食肉恐龙，有成群狩猎的恐爪龙，还有天上飞的翼龙。

在恐龙灭绝之后，哺乳动物与鸟类兴起了。有趣的是，哺乳动物中也有专门吃植物的巨兽——大象，巨犀，也有海中的鲸类，也有单独行动的大型食肉动物——老虎，也有成群狩猎的狼。飞行的哺乳动物并不强大，在哺乳动物时代占据翼龙生态位的是鸟类。

在澳大利亚，没有发达的哺乳动物（真兽亚纲），有袋目动物统治着这片大陆。有袋目动物也进化出了各种类似真兽亚纲的动物。比如类似狼的袋狼，类似树懒的树袋熊，类似羚羊的袋鼠，类似獾的袋獾。

生物总是在进化之中。如果一个地区没有任何大型的食草动物，那么小型的食草动物就会进化为大型的食草动物；如果一个地区没有大型的食肉动物，那么小型的食肉动物就会进化得更大；如果海中没有大型的高等生物，那么在海边活动的高等生物就会逐渐适应海洋生活；如果没有食肉动物，那么食虫动物或者杂食动物就会进化为食肉动物；如果一个地区没有飞行的生物，那么树栖的生物就会逐渐进化出飞行的能力；如果没有树栖的生物，那么第一个会爬上树的生物首先会获得一个安全的避难所，之后会进化得更善于利用树上的资源，最后变为专业的树栖生物，比如长臂猿，树蛇或者树蛙。

大象与蜥脚类恐龙并没有商量过，鱼龙和海豚也没有商量过。它们之所以相似，是因为生态位的存在是客观的。哪种生物在进化中适应了这个生态位，这种生物的身体结构就变得与这个生态位相符。

即使生态位没有空出来，有优势的生物也可以侵入其他生物的生态位。海里一直都有大型食肉鱼类鲨鱼，但是作为爬行动物的鱼龙和作为哺乳动物的鲸却都可以再次适应海中生活，与鲨鱼争夺猎物。这是因为与鱼类相比，爬行动物与哺乳动物的循环系统与神经系统都有非常大的优势。这些系统的优越之处是在陆地上进化出来的，但是并不只在陆地上有用。它会在进化中逐渐扩散到每一个需要它们的地方。

理查德·道金斯在《自私的基因》中为了说明信息与生物

之间的关系，讲了一个有趣的故事，这个故事可以看成是以上原理的终极推广：

如果把随便哪一种生物放到一个星球上，再给它适宜的生存环境与一定量但是有限的食物，那么这种生物在足够长的时间之内就可以进化出整个生态系统。不管一开始放在这个星球上的生物是蚂蚁，松树，微生物还是真菌，它们都会不断适应新的环境，不断分化为新的物种，不断进入新的生态位。

我们可以想象一下以上过程是如何进行的：

如果这种起始的生物是细菌，那么它进化的途径就会与地球生物的进化途径比较类似：首先，有些细菌会长得更大，或者变成多细胞，这样它们就可以吞噬其他的细菌，成为动物的祖先；而由于食物有限，另一些细菌就会进化出光合作用的能力，这样它们就可以在缺乏食物的地方生存，成为植物的祖先。两类生物逐渐进化，就会形成与我们的世界类似的生物圈。

如果起始的生物是蟑螂，那么一部分蟑螂就会进化为类似于螳螂的掠食者（两者的亲缘关系其实很近），而另一部分蟑螂则会像蚧壳虫那样进化出厚厚的外壳来防御天敌。这些蚧壳虫式蟑螂为了解决运动能力差，觅食不便的问题，就可能进化出光合作用的能力。为了更好地进行光合作用，它们的口就进化为根系，从地下吸收矿物质和水分。这些蚧壳虫式的蟑螂就变成了植物的祖先。它们过着像后螠或者蚧壳虫那样的生活：幼体可以四处爬行，当幼体碰到定居的雌性时，就寄生在雌性身上，发育为雄性；如果碰到合适的定居点，就发育成雌性，在此扎根进行光合作用。同时，蟑螂本身是食腐生物，所以一般情况下蟑螂的尸体会被同类清理掉。但是总有一些过小的碎屑是蟑螂清理不掉的，所以一些体型更小的蟑螂就会进化出来，因为它们清理这些碎屑更有优势。这些小蟑螂死去时产生的碎屑仍然无人清理，于是更小的蟑螂就进化出来……直到最小的单细胞分解者被进化出来。这样进化下去，蟑螂就会进化出整个生物圈。

如果起始的生物是松树，那么松树死亡之后的遗体就没有生物来分解。于是一部分松树就进化出了用根部分泌消化酶来分解其他松树的能力。这些松树可以从根部获得营养，所以它们就不需要再进行光合作用，于是它们的叶片就退化了，只剩下根、茎和生殖器官，变成类似于真菌的生物。它应该拥有发达的维管束和花、松塔与种子，因为这些器官与它作为分解者的身份是不矛盾的。当松树的根拥有了消化死去树木的能力时，只要稍加修改，就可以消化活着的树木，于是寄生的松树就出现了。不管是腐生的松树还是寄生的松树，它们之间都需要竞争，而那些可以更快运动到死去或者衰弱松树身边的个体肯定会更容易生存。所以这些不进行光合作用的松树之间就展开了一场感官灵敏度和生长以及运动速度的竞赛。植物可以比较方便地控制液泡中液体的压强与流动，于是一些小型的松树也许就会进化出类似于蜘蛛或者棘皮动物的液压运动系统，它们甚至可以靠这些系统来飞快地跑动。这就是动物的起源。这些动物虽然会移动，但是它们的生殖器官应该仍然是松塔。它们会在繁殖季节聚集到一起，然后散发出花粉，就好像珊瑚虫和粘菌的繁殖一样。它们的生殖器官在非繁殖季节应该并不存在，而且应该是位于身体的背侧而不是腹侧，这样才方便花粉传播。雌花和雄花分别位于身体的前端和后端，以防止自花授粉。受精后，它的雄性生殖器官会脱落，而雌性生殖器官会直接长成果实，最后也脱落。它也许会学会把果实埋在一个隐秘的地方以保证安全。种子萌发的时候，胚根的主生长点会发育为口，胚根的几个侧枝会发育为足。当这些松树进化得更像动物以后，它们应该就不会再把花粉释放到空气中，而只是一对一的交配，因为这样可以增加性选择的效率。

而且，只要起始的生物是多细胞生物，那么它们就可以免受病原体的折磨。在这种状况下，它们脱落的单个细胞（比如癌细胞）就更可能生存下去。这些脱落的细胞应该就会成为这个假想星球上单细胞生物的祖先。

所有生命现象的背后都是信息。只要生命具有执行信息、修改信息（进化）的能力，它就可以得到品种繁多各式各样的信息，它们就可以转化为任何一种其他生物——只要它们共用同一套信息处理系统。

信息是万能的。一切有序的生存、发育、繁殖、竞争、适应、学习的行为都是由信息控制的。只要有优秀的信息，就有可以生存的生物。而只要有信息的进化机制，那么就有新的优秀的基因。进化机制看上去简单，但是只要有进化机制，一个生态位的生物经过足够长的时间就可以进化到另一个生态位上去。

如果把人类放到这种情况下，得到的结果就会大不一样。

人类大概会先建立工业体系，然后是信息化与智能化。生物的竞争力取决于它们的 DNA，人类的竞争力取决于他们的知识与方法。生物只能通过进化来修改自己的 DNA，但是人类可以用思维来指导知识的获得与实践。其他生物可能需要经过上亿年才能完成整个生态圈的构建，但是人类可能只需要几千年就可以完成整个文明体系的建立。而且人类所建立的“生态圈”功能会远远比生物所建立的生态圈强大。比如 DNA 不管怎么进化都进化不出原子弹和宇宙飞船，而人类可能在这样的星球上发展几千年之后就可以拥有宇宙飞船。这就是信息处理能力造成的差别。如果在这个星球上不仅有人类，还有蟑螂，那么蟑螂就将不会像上面我们推测的那样进化，因为它所要走的路，人类会走得比它们更快，让它们无路可走。它只能一直作为人类身边的害虫而存在。当人类的科技发展到一定程度以后，人类只要愿意，就可以随时把它们消灭。

一切有组织的行为都是受信息控制的。生物所能实现的功能，其实就是信息的功能。生物之间的竞争，其实就是信息之间的竞争。竞争力的终极来源，其实就是信息处理能力。只要有信息处理能力，假以时日，任何相应的信息都可以被产生出来，任何相应的竞争力都可以被产生出来。更发达的信息处理平台，不仅能加快进化，还可以制造出低等信息处理平台所不可能制造出的产物。一旦更发达的信息处理平台产生了，它的工作成果就会很快取代其他信息处理平台的工作成果。

在各种生命之间的竞争中，信息的作用是万能的。只要有相关的信息处理能力，任何事情都可以做到。

1.14 以信息处理能力为中心

生物都可以被看成是信息试错机，它们会用尽所有方法来保证自己的生存。它们用来保护自己的策略与方法基本上都是受基因控制的。如果生物的基因可以更好地帮它生存，那么生物就可以生存下来，把自己的基因信息传给下一代。反之，它的基因就不会传给下一代。

生物的进化主要有三个方向，而这三个方向是相辅相成的。一是竞争力，即生物在现实的竞争中生存下来的能力。二是复杂性，即生物可以掌握的总信息量。三是信息处理能力，即生物获得新信息的能力，包括生物的进化能力与个体的学习能力。

竞争力是最直接决定生物能否生存的因素。生物的竞争力可以用它的后代生存率来计量：一种生物可以产生的可育后代越多，表明它的竞争力就越强。

生物竞争力的基础是它的复杂性。生物的一切功能，都是受它掌握的信息控制的。这信息可以包括以 DNA 为基础的信息——基因，也可以包括神经系统与免疫系统中的信息。通常状况下，可遗传的信息才是决定生物能否生存的最重要因素。因为只有可遗传的性状才能造福整个种群，产生最大的效果。不管这信息是通过基因来遗传的，还是通过神经系统来遗传的。

生物的复杂性是受信息处理能力限制的，这往往是生物竞争力的最大限制因素之一。生物的复杂性存在于一切可以处理信息的系统中，包括基因的复制、转录、翻译系统，表观基因修饰系统，神经系统与免疫系统等等。复杂性受到信息处理系统能力的限制。比如，我们在1.4中讨论过，生物的基因组越大，它就需要越高的进化速度来维护这复杂性，否则生物就会陷入穆勒的棘轮窘境。如果生物的认识水平比较高，那么它就可以更高效地挑选配偶，这也可以增加生物的进化速度，增加生物可以掌握的复杂性。生物的功能是由信息来指导的，复杂的功能就需要复杂的信息来指导。生物的复杂性受到限制，竞争力当然也会受到限制。而生物之所以能够变得越来越复杂，不仅因为生物在进化中积累了大量复杂性，还因为生物的信息处理能力提高了，使得复杂性的积累变快，而且不易丢失。

简单的生物可以凭借高基因进化速度生存，复杂的生物可以凭借自身信息处理系统的信息处理能力来获得更高的进化速度。但是简单生物在进化中所做的改动大多丢失在一次又一次的突变中了，而复杂生物在进化中却可以不断积累复杂性，再产生更强大的系统，拥有更强大的信息处理能力，再变得更复杂，再获得积累更多复杂性的可能性。虽然简单的生物和复杂的生物都可以生存，但是在复杂生物的进化中，更多的信息可以积累下来，所以真正决定进化未来的是复杂的生物而不是简单的生物。从复杂向更复杂进化，信息处理能力变得越来越强，生物的各个系统也变得越来越强大，这就是生物圈中旗舰生物进化永远不变的方向。

生物活力的源泉并不是它现在所具有的功能，而是它的信息处理能力。只要生命具有进化的能力，陆生的生物可以进化成海生的，肉食的生物可以进化成植食的，行走的生物可以进化成树栖的再进化成飞行的。如果所有生物的进化速度都一样，那么它们就只能在它们各自的生态位上呆着。但是如果一种生物的进化速度比其他生物快，那么只要给它足够的时间，它就会侵入其它生物的生态位，让其他生物灭绝。只要生物具备了高进化速度，高信息处理能力与强大的生命维持系统，它就可以适应非常广的生态位。生命源于海洋。但是陆生的爬行动物进化出了更发达的循环系统与神经系统之后，它们又反过来征服了海洋。在哺乳动物进化出了恒定体温，更强的循环系统与神经系统之后，它们也反过来征服了海洋。不管高信息处理能力的生物是在什么地方进化出来的，它都会很快利用自己的这一项优势占据广泛的生态位，建立一个繁盛的家族。

生物的信息处理能力越强，它能够维持的复杂性就越高。而生物具备的复杂性越高，信息处理能力越强，就越可能进化出更强的信息处理能力。

信息处理能力的提高可以制造最大的影响，维持最久的时间，而且最可能成为下一步进化革命的基础。动物是这样，植物是这样，人类也是这样。

有助于提高生物信息处理能力的机理不光作用于个体层面，还作用于种群层面。对于以 DNA 为基础的生物来说，不管它们的信息处理能力有多强，它们最主要的进化手段还是 DNA 的突变与选择。所以，一个种群中的基因越多样化，优秀基因被选择出来的速度越快，这个种群的进化就越快。种群中的生物都是基因信息的试错机。它们过完自己的一生，就等于是对自己基因信息进行了一次试错。试错的频率越高，试错的结果越能被有效地放大，进化的速度就越快。不管一种生物的信息处理能力有多么强，这样的试错都是不可避免的。试错的效率，也不可避免地影响进化的效率。

生物都可以看成是遗传信息的试错机。它们拼命提高自己的复杂性与信息处理能力，让自己能够积累掌握的信息越来越多。同时，自己在用自己的生命来检验这信息的正确性。优秀的信息可以流传下去，而不好的信息则无法生存。最有用的信息是可以提高生物信息处理能力的信息。每一代信息试错机都以自己生命为代价让下一代的信息进化一点点。信息试错机工作的效率越高，信息进化的速度就越快。生命本身并没有什么意义。但是只要宇宙不毁灭，信息试错机们的行为就会一直接续下去。

02

人类篇

2.1 从掘地蜂到哥德尔不完备性定理

人类与动物相比，最大的优势就在于其信息处理能力。那么，人类的信息处理能力到底强在哪里，有什么限制，人类可不可能拥有万能的信息处理方法？

为了理清信息处理方法的逻辑结构，我们先来看这样一个故事：有一种掘地蜂具有有趣的生殖本能。它会狩猎其他昆虫，并且把它们麻醉。之后，它会把猎物拖进自己的洞中，在猎物身上产卵，让幼虫一出生就可以吃到新鲜的食物。在它将猎物拖进洞中之前，为了防止洞里面有什么意外，它会先把猎物放在洞门口，自己先进去探查一番。等它查明洞里面没有什么意外之后，它才会把猎物带进洞中。[1]

科学家做了这么一个实验：当掘地蜂进入洞中时，他把放在洞口的猎物稍微挪开了一点点。当掘地蜂出来时，发现猎物不见了，它就会再次把猎物放在洞门口，自己又进洞去探查一次。当它再次进入洞中的时候，如果科学家再次把猎物挪开一点，那么在掘地蜂出来后就会又一次把猎物放在洞门口，自己又再进洞去探查一次。这样的循环可以进行四十次之久，每次掘地蜂都会像第一次带着猎物归来时那样再次进洞去探查一次。

这是为什么呢？因为掘地蜂的行为是直接受基因控制的。基因的指令是：在带猎物来到洞口时，要把猎物放在洞门口，进去探查一番。基因并没有告诉它在遇到意外情况的时候应该怎么办，也没有告诉它已经探查过的洞穴是安全的，不用再次探查了。当掘地蜂探查完地洞出来发现猎物的位置改变了，它的“把猎物挪动到洞口”本能就启动了。之后，它的“进洞探察”本能就自动启动了。它就不折不扣地按照这些本能来行动。基因对它的指令是非常死板僵化的。在自然状况下，这样的机制不会出现什么大的问题，因为没有一个手贱的科学家在那里。但是在这个实验中，它就露馅了，泄露了自己行为的控制机制是多么简单。

掘地蜂，还有许多跟它一样简单的生物一样，出生，发育，觅食，繁殖。这些过程涉及非常复杂的行为与生理过程。如果我们只是在一边观察它，我们会觉得它们非常聪明。它们的行为可以应对正常情况下碰到的绝大多数挑战。它们会机警地躲避敌人，它们会敏捷地扑向猎物。它们在缺乏水分的时候会去找水喝，在缺乏食物的时候会去寻找食物。在营养丰富的情况下会多生几个孩子，在营养匮乏的时候会酌情少生几个孩子。它们会用各种复杂的方法去寻找并打动配偶。它们的行为如此复杂，如此有成效，如此智慧。但是这只是我们把自己的理解投射到它们身上产生的假象。它们的行为都是直接受基因控制的，一板一眼，僵化死板。它们并不理解行为背后的意义，不理解怎么调整这些行为来让它们变得更有效，也不理解在面对新情况的时候如何产生新的行为。它们的行为之所以非常系统，是因为这些行为在进化中被锤炼了上亿年，而不是因为它们“懂得”应该如何行动。

当它们自己没有受到什么太大干扰的时候，或者生存环境并没有太大变化的时候，这样的机制并没有什么问题。相反，这种机制还相当高明。它不需要维护巨大昂贵的大脑，付出最小的代价就可以完成足够的功能。但是如果它真的与更“聪明”的对手相遇时，就会有大麻烦。在后面我们可以看到，一些反应机制虽然看起来很简单有效，但是一碰到复杂一些的问题或者策略，这些简单的反应机制反而使动物付出了很大的代价。

许多雄性昆虫都是通过特殊的气味来寻找配偶的。基因对它们行为的指导非常简单：在繁殖季节跟着气味走，找到雌性之后开始求偶，求偶成功之后就交配。它们并不能理解这些事件之间的行为逻辑。所以，人类可以模拟雌性的气味来诱杀雄性昆虫。这一招屡试不爽，因为雌性昆虫的气味比人工的气味弱太多。雄性昆虫如果要逃离这个陷阱，就必须进化出另一套寻找雌性昆虫的方法。与农药相比，这种方法更不容易让昆虫产生抗性，因为进化出另一种求偶方法的工作量是非常巨大的，远远大于进化出一个分解农药的酶所需要的工作量。所以这种诱杀策略对昆虫来说是一场浩劫。

但是假如昆虫可以理解它们行为背后的逻辑，具备观察与思考的能力，那么这种诱杀手段就不是那么有效了。它们会理解气味是为了帮助它们求偶，它们其实不必执着于气味，而只需要执着于气味背后那个最重要的东西——雌性。一旦它们发现有人用气味来吸引自己上当，在它们对自己行为逻辑理解的指导下，它可以想出一百万种其他方法来找到雌性。它明白它需要追求的是雌性而不是气味本身。人类用异性作为诱饵来陷害对手是非常常见的策略，但是如果碰到稍微警惕一些的人，这一招就不灵了。

昆虫如果不明白它自己的行为逻辑，它躲避陷阱所需要的进化工作量是巨大的；昆虫如果明白它自己的行为逻辑，那么它躲避陷阱所需要的进化工作量就非常之低。效率差别也许有成千上万倍之多。这就是为什么我们需要逻辑结构上更好的信息处理方法。所谓的“聪明”与“智能”，无非是对信息准确、有效的处理。

僵化死板的行为机制，总是容易对付的；而建立在更深层逻辑上的行为机制，总是更有竞争力。人与动物的差别，往往就在于人类的行为机制总是建立在更深层的逻辑之上。

不光在人与昆虫的竞争中是这样，人与人的竞争中也是这样。殖民者皮萨罗在征服印加帝国的时候，就利用了印加帝国僵化的中央集权制度的缺点。印加人只效忠于他们的君主，所以只要君主被擒，整个帝国就等于是崩溃了。皮萨罗用计擒获了印加帝国的君王，整个国家随即受他摆布。军人战斗，归根结底是保护他所在的共同体，君王只是这个共同体的象征，而不是这个共同体本身。如果一群战士只效忠于君王一个人，那么只要君王落难，整个国家就树倒猢狲散了。相比而言，一些其他国家的人对此就有更深刻的认识。在土木堡之变后，蒙古人俘虏了明英宗。蒙古人想利用皇帝来要挟朝廷，但是明廷很快就另立了新君，并没有给蒙古人什么机会。儒家认为君王是社稷之鼎，鼎没了虽然是很大的耻辱，但是鼎只是天下的象征，而不是天下本身。只要天下还在，鼎重铸一个就是，只要程序上合法，足以继续做国家的象征就行。各个大臣，将军，都不会为了一个被俘的君王而陷入两难境地。近代的民族国家思想对这个概念理解得更为透彻。不光君王只是一个象征，而政府也只是国家事务的一个暂时执行者。政府的倒台只是政府的倒台，不是文明的毁灭。当民族国家遭遇异族入侵的时候，抵抗是会随时随地涌现出来的，即使政府与军方都已经垮台。哪一种国家更能在入侵中生存是不言而喻的。

各种事物都不是孤立的，它们之间都有各种各样的联系。掌握这些联系，总结出规律，就可以把我们的行为建立在更深层次的机理上面，就可以让我们获得更多更有效的信息。试想两军的炮兵在对阵时，如果一方可以用公式计算方位、角度、风向，而另一方只能根据固定的几个参数进行发射，那么在炮兵素质和装备差不多的情况下总是前者获胜。

对于竞争者来说，信息处理的速度和具体执行方式也许并不是最重要的因素，信息处理方法的逻辑结构可能才是最重要的。昆虫神经系统的反应速度比人要快，昆虫基因进化的速度也比人要快，但是人可以理解事物背后的机理，可以用一些方法来高效地制造出新的信息（如何诱杀昆虫），所以在人类与昆虫的对抗中，人类总是完胜的。西班牙人也不比阿兹特克人聪明，但是由于他们对权力和效忠有更深层次的理解，可以用这些理解来制定斗争的新策略，所以他们在斗争中获胜了。

下面我们来总结一下各种信息处理方法的逻辑结构。这里我们尽量避免讨论神经生物学和计算机科学的细节。我们关注的只是信息处理中涉及的逻辑结构。

首先，最简单的逻辑结构我们称之为“反射”。绝大多数直接受基因控制的行为都只是反射。比如，有些人天生就有对蛇的恐惧，这些人的反射机制大概是这样的：

如果　某物是蛇　则　某物是危险的

掘地蜂习性的逻辑结构是这样的：

把猎物放在洞口　然后　进洞去探查一番

反射虽然可以让主体对外界做出反应，但是正如我们之前总结的，如果主体除了反射机制以外，没有什么其他的信息处理方法，那么反射的机制就是僵死的。如果主体碰到了反射机制无法解决的问题（比如碰到了新的危险物，碰到了没有危险的玩具蛇，或者碰到了手贱的科学家），它就会应对失当。

比反射更复杂一些的逻辑结构我们称之为“学习”，我们把学习定义为：对自身反射机制进行修改的反射。比如说，我们之前不知道蛇是危险的，但是后来我们知道了，从此以后我们见到蛇就把它当危险物来对待。学习的逻辑结构大致是这样的：

添加反射机制（如果　某物是蛇　则　某物是危险的）

从此以后，只要我们碰到蛇，我们就会自动执行反射机制：

如果　某物是蛇　则　某物是危险的

对于人类之外的生物而言，学习主要指的是相关性学习。

比如在经典的巴甫洛夫条件反射实验中，如果狗在被喂食之前总是听到铃声，它就会总结出规律：铃声与食物是相关的。于是，它就会在听到铃声的时候明白很快就会有食物了，就开始分泌胃酸，唾液。相关性学习在像线虫这样相当低等的生物体内就已经存在。它的逻辑结构是这样的：

如果 A 总是在 B 之前发生　则　添加反射机制　A 与 B 相关（如果 A 则 B）

这是一种非常原始但是也非常有用的机制，但是它很显然无法处理所有类型的信息。这种机制无法建立新的概念，只能总结旧有概念之间的联系。神经系统稍微复杂一些的生物可以习得新的概念，尤其是那些需要在社会交往中记住其他个体身份的生物。比如，当我们看到一个新面孔的时候，我们脑中反应的逻辑结构是这样的：

如果　见到不认识的人　则　建立关于这个人的新概念

但是以上的学习机制很显然也是不够的。事物之间的关系多种多样，不只是“相关”这一种。狗咬人和人咬狗的意义是不同的，我们说“古玩是旧的”与我们说“食物是旧的”所表达的意思是有很大差别的。如果想表达所有这些含义，就需要一个“让一切概念可以给一切概念作注解”的信息表达系统。在逻辑学中，这被称为是“谓词逻辑”体系。语言学家乔姆斯基认为，人类语言体系——可以看成是谓词逻辑体系的一种——与动物的最大不同就是它具有无限层嵌套的能力。谓词逻辑在一定范围内有近乎无限的描述能力。且看下面一句话：

他告诉我你告诉他了我不让你告诉他的那件事情。

或者：

这种兴奋剂通过阻断介导抑制作用的神经元的激活来实现功能。

如果没有谓词逻辑体系，这样的意思是不可能表达很清楚的。无论知识多复杂，无限层的嵌套指代都可以让我们把它们解释清楚。有些动物也具有部分谓词逻辑式的学习能力，但是毫无疑问人在这方面的能力是最强的。有这套体系的帮助，我们可以学习像这样的知识：

蛇是危险的。

玩具蛇是不危险的。

玩具蛇对于心脏不好的恐蛇症患者来说是危险的。

玩具蛇对于心脏不好的已经脱敏的恐蛇症患者来说是不危险的。

这大致可以说明“无限层嵌套”与“一切概念可以给一切概念做注解”是什么意义。

但是如果仅有学习机制是远远不够的。我们并不知道什么东西是值得学习的，什么知识是正确或者错误的。如果一个人告诉我蛇是危险的，另一个人告诉我蛇是不危险的，那么到底谁说得对呢？我们只能综合其他信息来推导谁说的是对的。比如说：

昨天有一个人被蛇伤到了　所以　蛇是危险的

或者说：

甲总是撒谎 所以 甲说的话都不可靠 甲说蛇是不危险的 所以 蛇是危险的

当然也有这样的：

耍蛇的人没有被蛇伤到 所以 蛇是不危险的

把知识描述出来，并不困难。但是如果我们不能判断知识的对错，我们就必须承担被欺骗的风险。想要判断知识的对错，就需要有另一套运算方法，我们称之为“命题逻辑”。命题逻辑的作用，就是根据我们已知的命题来对其他命题的正确与错误进行判断。

在上面我们举的“蛇是否危险”的例子中就可以看出命题逻辑体系的工作方式。一件孤立的事，要判断真假是不容易的。但是各种事物之间都是相关的。如果有很多人被蛇伤到了，那么蛇就是危险的；如果甲是一个好撒谎的人，那么他说的话就不太可能是真的。我们对世界了解越多，认识越深入系统，我们对新知识的判断能力就越强。

真实生活中，命题逻辑的传递率并不是百分之百的。甲总是撒谎，但是甲也有可能说真话；蛇伤了很多人，但是那也可能是其他地方发生的事，在本地只有无毒蛇。所以我们在用命题逻辑进行推理的时候，走得越远，就越需要谨慎。如果我们根据单一的事实进行了五六步推理，由于每一步总有一些错误率，所以最后推理正确的概率也不是很高了。

但是如果我们在一个虚拟空间内用虚拟为百分之百正确的

命题来进行推倒时，可以人为地设定命题逻辑的正确率为百分之百，这样我们就可以用极少数的信息进行无限步的推理，得到大量的新信息。除非我们发现这个虚拟空间的属性与事实不符，或者它设计得不够好为止。最早这么做的是欧几里得。他根据五个公理和五个公设建立了欧氏几何体系，并用这个体系推理得到了许多定理。这个体系不管推理了多少步，得到的结果都是正确的。直到今天，这仍然是几何学的基础。几何学的规则是人为虚构出来的，几何学中的圆是现实生活中不存在的完美的圆，但是欧氏几何比较真实地反映了现实，所以欧氏几何体系中得到的结论对现实往往有非常积极的指导作用。而且，由于在欧氏几何的设定中，只要按照规定来进行推导，得到的命题正确性就是百分之百。所以这种方法可以极大地提升使用者的信息处理能力。这种方法我们称之为公理法。

除了几何学，其他学科也尽可能地把自己的知识融汇贯通到一个单独的公理体系中去。这样的好处是很明显的：我们通过公理化可以把零散的知识尽可能地相互关联起来，如果知识中有错误与矛盾的部分，我们可以靠这个体系来很方便地排除。同时，在这个体系的指导下，我们在面对未知的时候也可以更快地得出答案。就拿几何学来说：我们可以通过测量直角三角形三边的长度来总结出勾股定理，但是我们永远不知道勾股定理是不是对所有的直角三角型都适用，也不知道如果我们测量的精度提高了，勾股定理是不是会被推翻。但是如果我们在欧氏几何中证明了勾股定理，那么我们就可以肯定勾股定理对所有的直角三角形都适用。而且，我们还可以用它来证明其它的定理，获得新的知识（比如正弦定理）。

说到这里，让我们回顾一下：本章我们梳理的是各种信息处理方法的逻辑结构。最简单的信息处理方法是反射，主体碰到一个信息，再用另一个信息来进行反应；其次是学习，即对反射规则进行改变的反射；最后是命题逻辑，即进行对错判断的方法。命题逻辑也可以看成是对学习的学习。不管是阿米巴，松树，人类还是人工智能，信息处理方法的逻辑结构都只有这三层。

主体处理信息的逻辑结构越先进，主体的信息处理能力就越强，主体进化速度就越高。

那么，有没有一种万能的信息处理方法呢？世间万物都是相关的，我们可不可以建立起一个完美的公理系统，用它来自动产生所有信息呢？

这是不可能的。

哥德尔提出了著名的“哥德尔不完备性原理”：任何一个足够强（强到可以进行循环指代描述）的形式化逻辑系统都至少有一个问题是不能解决的。如果用最通俗的话来讲，这个原理其实是这样的：“我现在说的这句话是假话”是一个悖论，如果我们认为它是真的，那么就可以推出它是假的；而如果我们认为它是假的，那么它就是真的了。因此，只要一个形式化系统可以描述出这个命题，那么这个系统内部就至少有一个命题是无法判断对错的。而且，我们还不可能知道这些无法判断对错的命题都是什么。因此，任何公理系统都不可能是完美的，万能的。

无论科学发展到什么程度，无论电子计算机的运算能力翻了多少倍，无论信息处理的方法有多高明，我们对世界的认识都不可能是完美无缺的，我们也不可能制造出所有我们需要的信息。我们总可以再前进，再有新的发现，总是可能发现我们之前的认识是错误的，需要推倒重来。当一个公理体系内部出现不能解决的问题或者矛盾的时候，我们就必须研究发现它的问题所在，推翻原来的体系，建立一个与目前的知识不矛盾的新体系。这个体系当然还是有它自己的问题，但是我们目前不知道它的问题是什么，所以我们也无法很轻易地改进这个体系。在当前状态下，这个体系已经是最好的了，它可以给我们提供强大的智力支持。但是早晚有一天，它还是会被实践推翻。这个过程持续下去无休无止。

读者可能不太明白，任何一个形式逻辑体系都不能解决“我现在说的这句话是假话”这个问题有什么大不了的。原因是，对于一个智能体而言，最重要的工作是不断地完善自己。反射，学习与命题逻辑都是对自我的完善。智能体的自我完善无非是解决这个问题：“如何让自己变得更完善？”而如果想解决这个问题，就首先要解决：“自己到底有什么不完善之处？”这个问题在某种程度上就等价于“我说的哪一句说是假话？”因此，如果“我现在说的这句话是假话”是个不可判定命题，那么就意味着，智能体的自我进化必然存在不完善之处。

我们在生活中一般意识不到自己的思维有什么不对，除非被别人批评指正或者在现实中受到了打击，就是因为这个原理。我们的大脑为了尽量规避这个原理所带来的问题，采取的办法是，同时容纳很多不同的认识体系。比如，一个人可以拥有物理学认识体系，道德认识体系，以及以个人利益为核心的认识体系。一方面，其中有些认识体系（比如说道德认识体系）并不是形式逻辑系统，它里面的每一个元素都分别来自于社会规范或者人际交流，它并没有融汇贯通成一个公理体系。这些元素之所以在社会上被传播都只是因为它能让自己被传播，而不是因为它们符合某一个理论框架。另一方面，不同的系统之间可以互相修正，互相监督。比如道德认识体系与以个人利益为核心的经济认识体系之间的互相指正。这样可以在我们的信息处理能力范围内尽可能地提高我们自我完善的准确率，但是不可能让我们在自我完善的道路上无限地走下去。

当信息处理的方法有了漏洞，当我们不能把我们的行为与认识统一在一个框架下，我们还是有办法拓展我们的认识。方法很简单，那就是实践。不管什么理论体系内部都至少有一个不能解决的问题，这不要紧，只要我们做一下实验，试一下这个问题的答案是什么就可以了。卡尔·波普尔的著作《科学发现的逻辑》中提到了这一点。科学家们总是在认识这个世界，总是在构建理论体系来解释这个世界。但是这些理论体系没有任何一个是万能的。等到科学界在实践中发现了理论体系的漏洞或者错误之处，科学家们就提出一个新的、在已知范围内没有漏洞和错误的理论体系。这个理论体系比之前的更进步，更能帮助我们认识这个世界，但是这个新的理论体系仍然注定有一天是要被推翻的。科学就不断地在这种循环中进步。

所以，虽然人类具有比其他生物强得多的信息处理能力，但由于逻辑学层面的限制，导致人类用智能来自我完善的道路不可能是一帆风顺的。不管多完美多聪明的人，不管多么精致的公理体系，都有不能解决的问题。而如果想解决这些问题，就必须进行实践。如果问题很复杂，实践的代价也就会很高，会耗费时间、汗水甚至生命。后面我们将会详细讨论这一点。

2.2 人类信息处理能力的限制

人类虽然聪明，但是人类的信息处理能力也是受到限制的。

我们在上一章提到过，人类信息处理能力在逻辑结构上可以分为三层：反射，学习与命题逻辑。命题逻辑体系是最强大的信息处理方法。但是没有任何信息处理方法可以解决所有的问题。所以人类在自我完善的时候，是不可能只用一些通用的方法把自己调整到完美状态的。

另外，人的信息容量也是有限的。一个人能用于学习的时间是有限的，他对知识的接受能力也是有限的。他不可能具备全世界所有的知识。即使出现了新的科技，让人类的信息处理能力提高几千倍上万倍，单个人也不可能掌握所有的信息。因为随着人类信息处理能力的提高，每个人产生出的信息量也提高了。当一个人的信息处理能力提高几千倍的时候，人类所掌握的总信息可能也会提高几千倍甚至更高。单个人总是无法用自己的信息处理能力与全人类抗衡。

最后，人类的信息处理能力再强，也不可能保证他永远都可以正确地行动。如果一个人能预测到未来什么行业有前途，他毫无疑问可以获得巨大的收益。但是很显然只有极少数人可以做到这一点，而且这极少数人的思维与计算中也充满了考虑不周的地方，因为没有人可以拥有并正确处理所有相关的信息。做出正确预测的人，总还是对幸运有那么一些依赖。另外，未来是所有人一起创造的，是所有人信息处理能力共同作用的结果。一个人不能预测未来，其实等于是说一个人的信息处理能力不可能跟所有人的信息处理能力相对抗。

由于人类的信息处理能力是有限的，所以人类的复杂性也是有限的。我们在前面提到过，一种生物的基因组大小是受其进化速度限制的。为了进化，基因必须突变。但是如果基因突变太多，就会出现“穆勒的棘轮”现象，让生物积累有害突变的速度高于排除有害突变的速度。人类的复杂性也受人类信息处理能力的限制。人类在积累知识与经验的时候，需要尽可能地把新旧知识统合在一起，人的知识越多，他在进行这项工作时所耗的精力就越大。而且，知识还需要与时俱进，需要不断地反思与维护。知识越多，这种维护的成本就越高。成体系的、联系紧密的知识可以减少人们维护知识的成本，但是却不能消除这个成本。所以，一个人即使不停地学习并自我完善，他的复杂性也有一个上限。在达到这个上限之后，他只能用所有的信息处理能力对知识进行维护，而不能再显著地提高自己的复杂性。

一个个体的复杂性是有限制的，他想要大幅度提高自己的复杂性非常困难。但是人可以组成群体，群体的复杂性可以远远超过个体。这一点与其他生物有类似之处。生物都是以种群的形式存在的，种群中有许多不同的等位基因。一个种群的总复杂性要远远高于单个生物的复杂性。人类也一样。人类是以社会的形式存在的，在社会中人有各种分工。每个人都掌握一些不同的信息，就大大提高了社会整体的复杂性。与主流社会隔离开的小人群，由于不能频繁地与主流社会交换信息，其掌握的信息会不断丢失。

2.3 模式化碾压与复杂性堆积

竞争的模式基本上可以分为两类：第一种情况下，一小部分个体可以轻易拥有碾压对手的竞争力，我们称之为模式化碾压；而另一种情况下，绝大部分个体处于竞争的均势中，每个个体需要拼尽全力才能少量提高自己的竞争力，我们称之为“复杂性堆积”。

在中国刚刚改革开放的时候，中国市场对家电非常饥渴。不管家电的外观漂不漂亮，不管家电有什么功能，不管家电的质量好不好，只要它是家电，都可以卖出去。这时，各个企业的产品都是非常相似的，所以家电的生产工艺也很容易山寨。新的家电厂家不断建立，产量不断提高，它们之间的竞争也就越来越强。后来，这些厂家被迫改进工艺，花费巨额资金来做研发与调查。企业掌握的技术与专利越来越多，企业的创新能力也越来越强，所以企业也没那么容易山寨了。在这个过程中，企业之间也出现了各种各样的差异，每个企业都有自己的特色，它们在家电大战中也都占据着一席之地。

让我们再来讲另一个故事：在军队近代化的过程中，人们发现纪律是一个非常关键的因素。没有纪律的军队，在战场上只要承受轻微的伤亡就会溃散。即使这支军队都是由非常蛮勇善战的人组成，只要他们没有纪律，这支军队在战场上也很容易被迷惑和诱导。只要诱导他们“勇敢”地发起攻击，再避开他们的锋芒，就很容易战胜他们。而且，这样的军队几乎不可能执行分兵等复杂的战术动作，因为指挥官害怕他们擅自行动或者临阵脱逃；而一支有纪律的部队就不同了。士兵惧怕教官的鞭子胜于惧怕敌人的子弹。他们可以承受巨大的伤亡而不溃散，指挥官也可以放心地让他们分散成小部队而不必担心他们擅自行动或者临阵脱逃。所以，在一段时间内，纪律建设被视为提升战斗力的核心。军方用提高待遇，纪律训练与民族主义等等方法来提升军队的素质。那时候，有纪律但装备与战斗经验都不足的部队往往可以打败无纪律但装备精良经验丰富的部队。所以一支部队的装备、战术、兵源、士气都没那么重要，只要有纪律，就能打胜仗。那时的士兵即使是随意征召来的人，装备五花八门，但是一样能打胜仗。但是当所有的军队都开始重视纪律时，只凭纪律就没有那么容易取胜了。大家都有纪律，如果想要取胜，装备、战术、士气和经验就变得重要起来了。士兵要选素质最好的，装备要选最精良的，基层军官要选最有经验的。纪律当然还是非常重要，但是由于大家的纪律都不差，所以它已经不是决胜因素了。兵员素质，装备和战斗经验又成了决胜的重要因素，就像军队近代化之前那样。

第三个故事，是关于心理学研究的。fMRI（功能性核磁共振成像）技术是一种革命性的新技术，它成型于20世纪90年代。它可以用来即时测量人脑的神经活动，而且还不需要开颅，不需要给人施加有害的辐射，甚至不需要在头皮上贴电极（这样需要剃光人的头发）。人在被测量的时候还不需要处于麻醉状态。所以，这种技术可以大规模地检测人类的脑活动。这个技术刚刚出现的时候，最高兴的是心理学的学生和老师，因为他们想用这个技术作研究简直是太方便了。给被试看一个方形，再看一个圆形，比较一下脑活动，然后就可以发一篇文章；给被试看一个红的苹果，再看一个绿的苹果，比较一下脑活动，就可以发一篇文章；给被试看一个笑脸，再给被试看一个哭脸，比较一下脑活动，又可以发一篇文章。但是好景不长，由于这种研究方法很容易被掌握，所以那些容易被想到的课题很快就被人做完了。人们开始不断地向深层次探索，流行的课题也不像原来随便用fMRI照一下脑就能解决了。而新的研究技术也不断产生，每产生一个新技术，都有一大批相关的研究成果随之出现。但是这些研究方法总会过时，人们也总是把研究做得越来越深入。没有哪种方法可以让人一直简简单单地使用一辈子。

当一种有效的新技术（家用电器、纪律、fMRI）刚刚出现的时候，它往往可以使得新技术的使用者具有非常强的优势。我们把这种情况称之为“模式化碾压”，意即竞争主体可以通过模式化的信息很容易地获得碾压对手的竞争力。但是竞争力的背后是信息，而信息总是可以传播的。所以，当这技术已经广泛传播以后，所有人都具有了这样的优势，那么在使用这项技术时所具有的相对优势就降低了。

但是竞争仍然在继续。所以，每个竞争主体仍然需要继续构建自己。但是这时，构建自己远远没有那么简单了。如果一个竞争主体知道什么信息可以具有模式化碾压的效果，那么它的选择很简单，把这个信息吸收过来构建自己就好。但是如果大家都具有这样的信息，而且文明圈里没有这样的信息可以吸取，那么增加自己的竞争力就不是一件很简单的事了。

而且，每个竞争主体本身的复杂性都是有限的。即使竞争主体知道一个信息可以给它带来碾压性的优势，它也未必有机会来应用它。这时候，主体就必须掌握尽可能多的信息，最大化自己的信息处理能力，我们称之为“复杂性堆积”。

当竞争主体不能靠模式化碾压来取得竞争力之后，一方面，它们可以对自己的各种参数进行小的调整。水多了加面，面多了加水，太长了改短一些，太短了加长一些。这些事情不会增加竞争主体的复杂性，一般也不会冒什么险，而且往往有非常好的效果。由于竞争主体的复杂性一般都不小，所以总是有足够的参数可以调整。就好像我们在 1.1 - 1.8 复杂性的限制中所说的那样。细菌的结构很简单，所以它们从环境中吸收外来的未知 DNA 是有利的；而高等多细胞生物的复杂性太高，引入外来 DNA 造成的后果可能很严重，所以它们在进化中更多是对自己身体结构参数的微调。类似的现象在人类社会中也非常常见，尤其是在一些技能要求高的人身上，比如雕刻工人、精密仪器工人、运动员等等。一个练习了几十年的雕刻工人，他工作方法的大体框架从少年的时候起就固定了。他一辈子的练习，不过是在已知的框架内把技艺练熟而已。即使出现一些新方法和新工艺，他在旧工艺上丰富的经验也可以让他制造出最精良的工艺品。

另一方面，竞争主体也可以设法自己来制造新信息。对于一个竞争主体而言，文明圈中有用的信息虽然多，但是都是别人用过的，不管它学得有多快，用得有多好，都跟别人处于同一起跑线上，甚至落后一些。但是如果这个竞争主体能产生出一些自己的想法，那么在一段时间内，这些信息就只对自己的竞争力起作用。如果这个想法是一个“模式化碾压”式的信息，那么对自己的帮助就可能很大。比如公司自己研发出来的专利，肯定对公司自己最有利。而且，有些新技术往往会具有意想不到的优良表现。谁也不知道哪个新技术可以达到模式化碾压式的效果。

为了自己制造有用的信息，竞争者首先必须掌握有足够多的信息，其次还需要有实践与思考的能力。不管是信息还是能力，都需要占用主体非常多的复杂性。主体的复杂性是有限的，所以主体自己制造有用信息的能力也是有限的。在一个充分竞争的文明圈中，每个主体都拼命地收集信息，积累复杂性。当复杂性超过自己能承担的限制，主体就放弃一部分复杂性，或者调整已有的复杂性。有一部分复杂性与主体当前的竞争力有关，有些对当前的竞争力并没有什么帮助，但是可以让主体更好地制造有用的信息——也就是说，对主体未来的竞争力有帮助。在复杂性堆积中，后一种复杂性显得更为重要。

主体的复杂性积累得越多，主体自我构建的工作就越困难。因为信息处理是自我构建中不可或缺的一环，而主体的信息处理能力是有限的。而且主体的复杂性越高，需要处理的信息就越多。除非主体的复杂性给它提供了额外的信息处理能力，增加了它对复杂性的掌握能力。

但是主体为了生存，却不得不积累大量的复杂性。由于主体判断力的限制，其中很大一部分复杂性对主体来说还不一定是必要的。复杂性的积累多少有一些盲目性，但是在激烈的竞争中，带有盲目性的工作也好过没有工作。因为对主体来说，没有创新就无法脱颖而出，而积累复杂性可以增加自己脱颖而出的可能性。

在模式化碾压性信息作用的早期，人们可以用简单的方式取胜，但是在晚期，人们却又要回归到复杂性堆积的路线上来。每个竞争者又要在新的基础上继续前进。之前一轮竞争中通过创新来获利的主体，在下一轮的复杂性堆积之后不一定还是获利者。

从另一个角度来说，许多模式化碾压式信息的产生与作用，实际上都是复杂性堆积的结果。比如人的神经系统。

神经系统的能耗非常高。在神经系统中传递一比特的信息需要 10^4-10^7 个 ATP 的能量。在吹蝇中，神经系统所消耗的能量大概占总能量消耗的 8%。在人里面，这个数字要达到 20%。神经系统的“安全保卫”工作也是十分昂贵的。一般的细胞损坏了，最好的处理方法就是让它直接死掉，然后再分裂出一个来。但是神经细胞可不能这样处理。一个神经细胞死了，它与其他细胞的联系也就断了，这个细胞之前所负责传递的信息也就无法再传递了，与这个神经细胞相关的反射或者记忆就丢失了。即使在原位置新生出一个神经细胞，它也很难取代原来神经元的位置。所以，神经系统需要非常强的“保安”系统来防止神经元受到损害。这就是为什么神经系统往往需要庞大而臃肿的保安机构——血脑屏障。构成血脑屏障的细胞数目甚至比神经元的数目还要多。另外，神经系统对抗恶劣环境的能力非常差，温度稍微偏离几度，就可以让神经系统的功率大大下降。缺氧几分钟，就可以对大脑造成不可挽回的损失。在饥荒中，其他器官可以被消化掉一部分来补偿营养的缺乏，但是大脑如果被消化就不可复原了，而且神经系统在饥荒中还要消耗大量能量。所以发达的神经系统在对抗饥饿方面起着非常大的负面作用——虽然它可能可以帮助生物更好地找到食物或者逃离饥荒。没有复杂神经系统的生物，比如线虫、细菌、水熊虫、水螅等等，可以忍受极低的温度，极高的压力，有的还可以在宇宙空间生存。有发达神经系统的生物是绝对不可能忍受这样的极端环境的。

发达神经系统的好处是不言而喻的，但是为什么只有人才拥有如此发达的神经系统？并不是因为只有对人类的祖先来说神经系统才是重要的，也不是单纯因为他们很幸运。最主要是因为人类祖先身体的各个系统强大到了足以支持如此庞大神经系统的程度。神经系统的发展不只是神经系统自己的发展，同时也是身体的其他系统在复杂性堆积中拼尽全力为神经系统提供支持的过程。

一个文明圈中的竞争者们一般情况下会处于竞争的均势中。当文明圈中出现了模式化碾压性质的信息，这个信息就会很快地传播遍整个文明圈，不管是以什么形式。但是当所有竞争者都具有了这些信息，竞争就又回到了均势状态。每个竞争者都要全力进行复杂性堆积，一方面可以增加自己的竞争力，另一方面可以增加自己制造出模式化碾压式信息的可能性。当有用的信息出现时，新一轮的模式化碾压就开始了。

我们在很多讨论中，都会强调信息处理能力与复杂性对竞争力的重要性。在模式化碾压中，我们能看到的只是形式化信息的单方面扩张，我们看不到复杂性与信息处理能力的影响。但是实际上，模式化碾压式的信息恰好是复杂性堆积过程中信息处理能力作用积累的结果。如果没有复杂性与信息处理能力，就不会有模式化碾压式的信息产生。而且，在长远来看，模式化碾压的情况是相对少见的。即使是在模式化碾压中，努力进行复杂性堆积的竞争者也更可能在下一轮竞争中获胜。

2.4 希腊火的愿望

古代拜占庭有一种强大而神秘的武器，被称为希腊火。它大概是由石油制成，可以漂浮在水面上燃烧，主要用于在海战中烧毁敌船。在阿拉伯人对拜占庭首都君士坦丁堡的两次围攻中，希腊火都重创了阿拉伯人。日薄西山的拜占庭帝国之所以能在阿拉伯人的进攻中生存，很大程度上要归功于希腊火。

正是因为如此，拜占庭皇帝下令严密封锁希腊火的秘密。希腊火的制作只在拜占庭宫廷内进行，所有的工艺资料甚至都不允许留下文字记载。其他国家虽然有时在海战中会俘获装有希腊火的舰船，但是他们却无法搞清楚希腊火的成分，所以也无法仿制。

拜占庭的技术封锁非常成功，以至于我们今天仍然不知道希腊火的准确配方。希腊火虽然延缓了拜占庭的灭亡，但是最终没有拯救这个王朝。而在拜占庭宫廷努力保护他们的秘密的同时，新的火药武器正在不断地成长起来。比希腊火更强大的火枪、大炮与炸弹正日新月异。在希腊火大显神威几百年以后，海战中最强的武器已经是大炮而不是希腊火。曾经觊觎希腊火配方而百思不得其解的各国都已经对它不屑一顾，去开发更有前途的大炮了。有趣的是，拜占庭灭亡的一战中，轰开君士坦丁堡城墙的正是大炮。拜占庭成功地把这个秘密带进了棺材，只可惜守住秘密也不能让其不进棺材。

人们可以储藏粮食，金银，但是人们不可以有效地储存信息。想靠封锁信息来保持长久的优势，是非常愚蠢的行为。世界总是在进步，创新总是不断涌现。我们能做出来的发明，别人假以时日也能做出来。任何既有的优势都是短暂的，只有创新发展的能力才是永恒的。

原子弹也是威力巨大的武器。有核国家都努力封锁技术，让无核国家无法研究制造原子弹。但是实际上，似乎只要一个国家想要制造原子弹，他们就可以做到，连伊朗和朝鲜这样落后的国家都可以。原子弹如何制造并不重要，重要的是“原子弹可以被制造出来的”这个信息。只要方向对了，原子弹被研究出来只是一个投入与时间的问题。如果希腊火在战场上一直都是最厉害的武器，那么不管拜占庭的技术封锁做得多好，它早晚会被其他人掌握。其他国家没有大规模装备希腊火，不是因为拜占庭的封锁真的阻止了希腊火的流行，只是因为等到它们能自己研究出来的时候，希腊火不再是最有效的武器了而已。

技术的信息是非常容易扩散的。即使技术封锁得很好，只要有足够的时间和投入，再研究一遍也不是难事。真正难以复制的，是随时保持先进的技术。越旧的技术越容易山寨，越新的技术越不容易山寨。不管是国家主体还公司主体，想让技术尽可能地为自己造福，一般的方法都是在集中力量，在某一个领域一直保持领先。别人即使山寨，只能山寨比较旧的信息；而如果别人也在自主研发，那至少与自己各有千秋。适当的封锁是有好处的，但是封锁的目的只是稍微延缓一下技术的过时，让自己从新技术中多获得一些好处，而不是指望技术永远不被别人获得。

技术封锁还有一个弊端，那就是极其不利于技术进步。

信息的研发与实践是非常耗时费力的工作，它不光需要“设计”，还需要“迭代”，即一个版本一个版本的改进。在技术应用的过程中，总是有没有预料到的问题出现，而且对技术的需求也可能随着时代的发展而变化。开发人员需要总结经验与教训，整合新的技术和思想，并且加以调试。这些过程都是相当费劲的，而且往往还有很多不确定性。一条生产线，它的技术手册堆起来比生产线还要长。一个软件的开发日志可能是软件原代码的几百甚至上千倍。在这么多的信息中，找到哪里需要修改，怎么修改最好，并不是一件容易的事。开发人员不可能每一次迭代都把所有文档都再读一遍，思考一遍。他们只能在自己所知的范围内进行尽可能合理的修改。一个产品开发到后期，往往像一艘修补了无数次的船，补丁打得到处都是。美国的法律体系就是一个典型的例子。各种宪法、州法、判例交织在一起，一不留神就互相冲突。在遇到复杂的案情时，该援引哪条法律，哪个判例，已经不是一门科学，而更像是艺术，因为这实在不是能简单说明白的事情。当然，这是法律比较成熟的时候不得不面对的状况。如果一个国家的法律一眼就能都看明白，一般只能说明这个国家的司法刚刚起步，处理任何事情都简单粗暴直接。迭代的过程有点类似于我们之前提到的“复杂性堆积”。每一次迭代都必须与上一个版本紧密联系。在每一次迭代中，被修改的大多是一些细节，不会有翻天覆地的变化。最重要的是，在这个过程中，开发者需要根据实际运行的效果来决定要如何修改。而且，没有人能在产品开发的初期预测出这个产品到最后会迭代成什么样子。

如果一个技术只有一家在做，那么迭代就是一个单线程的工作。即使穷尽开发人员的智慧，加上尽可能多的投入，迭代的成果在很大程度上也会充满风险。但是如果有许多公司在从事同一技术的改良，迭代就是一件多线程的工作。一个人没有想到的，另一个人可能想到了；一个人限于精力没有做的事，另一个人可以做。经验与教训是大家都能看到的。许多公司做同一件事情做了一次，在某种程度上就相当于一个公司做这一件事情做了许多次。

当然，这都是在技术没有都被封锁的情况下发生的。如果技术研发都像古老的行会那样，各做各的，只是在临死之前传给徒弟，那么技术进步的速度就太慢了。

如果希腊火技术真的非常有用而且非常有改进空间，这样的环境大概是最适合它发展的：几个敌国都在开发这样一种武器，而且每个国家都有几个不同的公司在研究与制造。它不断地在战场上被实验，相关的数据被不断地传回公司，新的版本在不断地被开发出来。而且，其他领域的新技术被不断地引进到希腊火的制造中来。当新的发明与改进出现的时候，所有相关方面都马上抓住这些亮点，并且马上付诸实施。每个公司推出的新版本可能有所不同，但是都是当前状况下最好的可能性之一。当一轮迭代完成后，有的产品好，有的产品差，好的成为下一轮的范本，而差的就被人遗忘了。制造出范本的那个公司就可以获得一时的优势。如果一个公司总是制造出范本，那么它就会越来越强大；反之，如果一个公司总是跟不上潮流，那么它就会被淘汰。一般来说，某一个公司不可能永远占据优势，因为公司都是人办的，创新的方法也是可以被传播和独立发现的。几个最好的公司都会时不时地贡献一些新信息，他们也在一定程度上共享这些新信息。

这非常像近些年来手机行业的发展模式。可以想象，如果我们用开发希腊火的方法来开发手机，手机的发展将会是什么样。

这个过程可以与生物进化的过程做一个类比：公司与技术就像生物体，人类的文明圈就像生物的种群，技术相关的信息就像是基因。人类是通过研究来产生新信息，而生物是通过突变来产生新信息。人类的信息可以在整个文明圈里传播，生物的信息也可以在整个种群中传播。人类虽然在创新方面不像生物突变那样盲目，但是当技术非常复杂而且涉及未来的未知变化时，人们并不知道什么样的修改才是最好的。即使是最顶尖的公司，也要通过迭代的方法来研发新产品，就好像生物一代一代地突变与选择。虽然方式与效率不同，但是人类的进步与生物的进步一样，需要无数的信息试错机与一个越大越好的文明圈（种群）。

人类用自己的智慧把不确定性尽可能地压缩，但是不确定性永远都不会被消除。人类不仅需要压缩不确定性的智慧，还需要容忍不确定性的智慧。而最重要的一点，就是尊重希腊火的愿望，给信息创造一个广大的试错平台。

2.5 文明圈

中世纪的欧洲是分裂而混乱的。但是在几个世纪的纷争之后，欧洲崛起了一个又一个强国，向外征服了大半个地球。其中一个原因就是他们在竞争中吸取了足够多的经验。每个国家可以采取不同的治国之道，可以观察其他国家的利害得失来完善自己。有些国家带着她们正确的治国之道生存下来了，有些国家带着她们错误的治国之道衰落或者灭亡了。在几世纪的纷争之后，这些存活的国家身上浓缩了所有有利的竞争之道，没有什么可以阻止她们走向全世界了。

但是反观之前的罗马帝国与同时代的东罗马帝国。中世纪初期欧洲各国的文化、科技与综合国力无不远远落后于罗马帝国；直到中世纪晚期，欧洲诸国的文化科技水平才开始全面超越罗马帝国。如果从知识分子的数量、经济总量与科技文化水平来衡量罗马帝国与中世纪欧洲诸国的话，罗马帝国是胜过一筹的，为什么罗马帝国没有获得所有有利的竞争之道，从而走向世界呢？

也许这是因为罗马帝国与中世纪欧洲的竞争之道有所不同。一方面，罗马帝国周边不存在可以与之相提并论的强敌，所以罗马帝国不需要全力探求倾国之战的竞争之道。另一方面，身为一个罗马人，想要生存，最重要的事不是为罗马帝国的竞争之道做贡献，而是与自己的竞争者互相倾轧。对一些罗马人而言，对外战争在一定程度上成为了对内倾轧的手段。罗马的智者虽然多，但是他们却并没有对国家的竞争之道做多少贡献。他们身为信息试错机产生的成果，是那些被称为“拜占庭式阴谋”的内斗事件。但是这也不是他们的错，因为在罗马帝国的文明圈中，他们只有这样做才能活下去。中世纪欧洲诸国有时也存在类似的情况，但是由于国家众多，问题比较严重的会被淘汰，问题比较轻的可以存活，所以这些小国们最终可以走向世界。

一个文明圈中，能帮助文明圈成员存活下来的信息一定能传播得非常快速，进化得也非常快速。因为如果一个文明圈成员不用心吸收信息来构建并优化自己，这在竞争中灭亡是迟早的事。最让竞争者关心的信息，是可以帮助竞争者胜出的信息。胜利者越强大，与胜利者相关的信息传播得越广。对于欧洲中世纪国家来说，国家之间的竞争之道是最重要的。而且国家不断地建立，分裂，覆灭，国家建设相关的信息得到了较多的验证，所以这方面的信息就进化得比较快。

进行什么样的实践，就可以验证什么样的信息。反过来，想要什么样的信息，就需要什么样的实践。实践数目越庞大，实践结果的交流越高效，迭代时信息整合的能力越强，信息进化的速度就越快。信息传播的范围我们称之为文明圈，其中的竞争者们是文明圈的成员。简单地说，文明圈越大，进化速度越快。

当我们需要某些特定的信息时，我们可以建立相应的文明圈。比如，如果我们想要让数学发展得更好，我们就需要一个数学学会，给数学家们提供经费，评估他们的工作，给贡献杰出的人更多的发展机会，开除不合格的人。这样，这个文明圈（学会）就可以高效地产生数学研究成果。这样做还有一个好处，那就是可以防止数学家们把自己那有限的复杂性和信息处理能力放在与数学无关的地方。于是他们与学术相关的复杂性上限就会提高很多。

不过，如果一个文明圈运行得不够好，产生出的信息就会打折扣。比如说，如果学会内部非常腐败，成员能生存下去的关键并不是他的研究做得好不好，而是背景硬不硬，马屁拍得好不好，那么这个文明圈中产生出的信息只能是如何比背景，拍马屁。

我们的世界就是一个一个文明圈组合成的。学术的文明圈在产生各种学术成果，实业的文明圈在实践各种实业的信息，而国家组成的文明圈在实践国家相关的各种信息。任何用自己的努力来生存的主体，同时也是信息的收集者、创造者与实践者。全世界的国家可以组成一个大的文明圈，一个团队也可以看成是一个小的文明圈。每个文明圈内部的成员都在尽自己的努力来生存、实践、创新。文明圈可以大小嵌套：一个公司是实业文明圈的成员，它在内部也可以维持一个技术开发人员组成的小文明圈。小文明圈中进行的是技术信息的实践，而公司作为大文明圈的成员，实践的是实业相关的信息。不同的信息在各自对应的文明圈中参与竞争和实践。任何足够复杂的信息都需要一个文明圈在背后支持它的进化。每一个成功的竞争者都至少在一个文明圈中起作用。

竞争者需要信息。信息的正确性需要实践来验证。关于竞争的信息，就要在竞争中验证；关于生命与意识形态的信息，就要以生命与意识形态为代价进行实践。不管人类有多么强大的智能，这一步都是不可逃避的。

2.6 人类合作能力的限制

对人类来说，合作是提高竞争力的重要途径。

一方面，一个人无法与三个人抗衡，小家族无法与大家族抗衡，小国无法与大国抗衡。人类合作的规模越大，他们整体的竞争力就越强。

另一方面，合作也可以提高人们的复杂性与信息处理能力。当一项任务的复杂性没有那么高的时候，一个人就可以掌握。但是当任务的复杂性高到一定程度时，就需要许多人各司其职才能掌握。合作的人越多，他们可能掌握的总复杂性就越高。

但是大规模的合作并不是很容易实现的。一个人能处理的直接人际关系也就是100个左右。如果一个组织有100个成员左右，那么这些人就可以互相充分地了解，他们可以不需要什么特别的管理机构。这也是原始社会中一个部落的大致人口。如果一个组织有10000个成员，那么就至少需要分成100个“部落”，然后这100个“部落”的“酋长”再组成一个新的部落。否则这个组织就无法沟通顺畅。如果一个组织有1000000个成员，那么他们就需要一个10000人左右的中间的统治阶级和一个100人左右的顶级统治阶级。统治阶级的层数越多，组织的信息传递效率越低，组织中的中饱私囊，拉帮结派与盲目低效现象就越严重。如果一个组织的人数超过10^6，那么由于人类合作能力的限制，他们基本上就不可能进行非常精密的分工协作了。除非他们都被勒令做完全一样的事。

所以，人类组织的大小是有限度的。当一个组织变得太大，人们合作的效率就会下降。当组织变大带来的好处与坏处动态平衡的时候，组织变大就不再有利。

影响人类合作能力的关键因素，是人的信息处理能力。如果我们在一个部落中生存，那么我们需要处理很多的信息才能顺畅地与群体互动。每个人都有相关的信息，每两个人之间的关系也有相关的信息，每几个人组成的小团体也有相关的信息。团体与个人，团体与团体之间也有相关的信息。这些信息包括谁和谁的关系好，谁和谁的关系不好，他们之间的关系如何，哪几个人曾经参与过什么事情，哪几个人从来不参与什么事情，谁欠谁多少钱，谁欠谁一个人情等等。每个信息还都有历史信息和各种版本。一个 n 个人的部落，其中每个成员所需要处理的信息量大概是 n^2 或者 $n^2 * \log(n)$。因此，人所处理的信息的效率至少要平方式增长，才能保证群体数目成线性增长。

据说人类在进化中之所以脑容量变得越来越大，就是因为人越聪明，能处理的信息量就越大，人们合作的能力就越强。

由于人类协作水平的提高极大地关系到人类的竞争力，所以在历史上，人类不停地发明各种有助于提高人类协作规模的技术。这些技术一般来说着重于两个方面：第一是提高人类的信息处理能力与复杂性上限，比如文字，各种通信技术与思维方法等等。第二是减少一个人在集体生活中所需要处理的信息量，比如法律、契约等等。

随着科技的发展，人的信息处理能力越来越强，人的组织能力也变得越来越强大。

在没有文字的时候，一个组织的有效控制范围基本上无法超过一个人步行一天所能及的范围，因为信息无法保存，无法在除了面对面交流以外的场合里起作用。而文字的出现也同时伴随着国家的出现。人和人之间可以凭借文字建立契约，表示委任和臣服，这样就大大扩展了人类合作的范围。

律法也是增加信息处理效率的工具。在没有律法约束的情况下，两个人之间建立信任是一件非常费时的工作。但是有了律法，每个人的行为都受法律约束。我们在与人合作的时候，可以少考虑诸如“他会不会守约定”，“他不守约定怎么办”之类的问题，等于是给信息降维了，增加了我们可能的合作范围。

信息传递的速度也是很重要的。如果一个国家太大，那么信息从一个地方传播到另一个地方就要花费很多时间。从古到今的国家无比重视信息的传播。旧时的驿站和信鸽可以以当时最快的速度传递信息，以保证国家以足够快的速度处理发生的事件。法国曾经建立巨大的信号塔，用金属臂的姿势来快速传递信息。

但是即使有了现代的管理科学，想要组织好大规模的人也不是一件容易的事。

奥斯卡王尔德有一句名言：官僚体系的扩张，是为了解决官僚体系在扩张中出现的问题。凡是有传统的官僚系统都会变得复杂无比。如果国家需要添加一个新的部门，这个部门就需要建立与所有已有部门的协调机构，还需要相关的执行机构、后勤机构与制衡机制。执行机构也需要后勤机构，协调机构与制衡机制，制衡机制还需要执行机构与统筹部门，统筹部门还需要协调机构和制衡机制。新人需要培训和进修机构，老人需要干休所和疗养院，进修机构和疗养院还需要统筹部门和协调机构。一旦官僚体系开始以自己的利益为目标运行，它就会像疯长的野草那样无边无际地蔓延，直到它带来的沉重压力拖垮整个国家为止。

如果组织的规模较小，就不会出现这样的问题。中国古代的中央政府因为各种问题而覆灭了许多次，但是在中国西南地区的一些土司却延续千年之久，历经许多个朝代。就是因为它们的规模比较小，一个土司管得过来。

除了管理上的问题以外，一个合作体越大，它可以参照的文明圈成员就越少，它进行自我迭代的速度也越慢。进化更快的合作体可以更好地抓住机会，获得竞争力。而进化慢的主体在变革来临的时候面临的变数就比较大。谷歌是世界顶级的信息技术公司，一直处于创新的前列，但是它仍然不可能垄断所有的新事物。广告是它的最重要利润来源之一。但是 facebook 公司凭借更好的广告合作模式抢占了谷歌公司的大片市场。谷歌并不是不知道自己的广告合作模式有什么问题，它也不是不想改。但是如果它放弃之前的合作模式，就意味着放弃很多已经完成的工作与现成的利益。而且，即使它不惜血本地改革，它也未必比得上 facebook。因为不管怎么样，facebook 都比谷歌更了解人。一个大公司往往会遇到这样的问题：公司越大，改革阈值越高；而大公司不能与时俱进，就给了新兴公司机会。除非世界永远不发展，否则新兴的合作体总是有这样的机会。谁都不可能永远一统江湖。

一般来说，合作体的人数越多，力量就越强。但是合作体的规模是受到人类信息处理能力限制的。如果合作体内部的信息无法及时处理，不仅会导致效率的下降，还会导致猜疑、腐败与分裂。如果合作体太大，它自我迭代的能力也会下降。合作体竞争力的关键，从某种意义上来讲就是合作体的信息处理能力。合作体相比于单独的个体而言，信息处理能力提升得越高，合作体就越稳固。

另一个结论就是，因为人类信息处理能力是有限的，所以人类的协作水平是有限的。而因为人类的协作水平是有限的，所以人类通过协作来提高信息处理能力的作用也是有限的。

2.7　信息的单位

某种情况下，信息可以以非常大的单位传播，比如整本的书，或者整个基因组。但是在另一些情况下，信息只会以非常小的单位传播，比如一个基因，或者一个谣言。什么样的信息是以较大单位进行传播的，什么样的信息是以较小单位进行传播的，这是一个需要探讨的问题。

理查德·道金斯在《自私的基因》一书中曾经讨论过基因

的单位问题。因为生物有很多性状都是许多基因共同控制，所以当我们谈到“与生育有关的基因”时，我们讨论的不是一两个基因，而是一大群基因的相互作用。其中有些基因的主要功能与生育并无关系，但是会受到生育的影响，比如许多能量代谢的基因在孕期与产期都会受到调节。基因之间的关联盘根错节，想要精确地界定哪些基因与生育有关，哪些无关，是一件非常困难的事情。而且，基因在遗传中是会不断变化的，一个基因在几代的遗传中会与许多其他等位基因交叉互换，每个个体体内的基因都是来自众多先祖的基因的杂合体。另外，一个基因的调控元件可能在这个基因上下有几 KB 的地方，中间还穿插着其他基因，我们根本不知道一个基因的确切边界在什么地方。当我们谈到某个“基因”的时候，我们只是大概知道我们指的是哪一些碱基对，但是不能精确判定哪几个碱基对属于或者不属于这个基因。

基因的信息是如此，人类的信息也是如此。人类的全部知识可以分成很多学科，每个学科的知识还可以分为很多小领域，每个领域可能还有许多流派，每个流派都会发表许多著作与论文，而每个著作与论文背后还有许多实验结果，读书笔记与会议记录。每篇文字可以分成段落，句子和词语。所有这些元素之间又会互相关联。学科之间有交叉，领域之间有协作，一个学者可能前期属于一个流派，后期转化成另一个流派。一篇论文可能属于某一个流派，也可能与两个流派都有关。一篇论文可能引述另一篇论文，两篇引用同一篇论文的论文可能持有相反的观点。段落与段落之间有呼应，句子与句子之间有呼应，同一个词语在不同的句子里所表达的具体意思可能有细微的差异。所有这些信息纠缠在一起，谁也无法用一套标准的方法把它们的信息梳理清楚。有的时候，一篇文章会流传很广。但是有的时候，流传非常广的只是这篇文章里面的一句话。

信息总是可以被细分到比特，中间还有很多层级。在什么情况下，一些信息会被当成一个整体来对待，在什么情况下不可以？

什么样的信息被当成一个整体，首先取决于信息作用的单位。

基因又叫顺反子。因为如果 A 与 B 两个 DNA 片段放在一起时可以起作用，但是分开就不能起作用，A 与 B 就被认为是属于同一个基因，或者说“顺式作用元件”。如果 A 与 B 两个 DNA 片段放在一起时可以起作用，分开了也可以起作用，那么它们就被认为是分属于两个不同的基因，或者说是“反式作用元件”。一般来说，这就是判断哪些碱基对属于同一个基因的根本依据。因为如果一个顺反子不完整，那么它就无法发挥作用，所以一个基因如果要从一个地方转移到另一个地方并发挥功能，它必须整个顺反子都转移过去，少了一点都无法发挥功能。我们把基因看成一个单独的信息单位，是因为它是一个信息单独发挥作用的单位。在人类的文明信息方面，也是这样。苏珊·布莱克摩尔举了这么一个例子：如果一个人有一道菜做得很好，那么别人也许会跟他学习这道菜的做法。这道菜的做法是一个完整的过程，少了一步就做不成了。这道菜的做法在传播的时候就一定是以一个完整的过程的方式来传播的。信息作用的单位可以影响信息传播的单位，这一点很好理解。

其次，信息的单位也取决于信息处理的能力。

比如，上面我们说的那道菜的做法流传到了一个大厨的手里。大厨发现其中有一个步骤其实是可以改进的，于是他就提笔改动了一点，让这道菜变得更好了。其他人的传播菜谱的时候，并没有能力对它进行处理，只能被动地接受，把这道菜当作一个整体来进行判断与处理。但是一个大厨却可以对它里面的各个组分进行分别分析，把这个菜谱拆成很小的片段。信息处理能力越强，就可以把信息拆成越小的片段。

再比如，一项技术，如果少了哪一个关键参数，就不能实现功能。那么对需要使用这一技术的人来说，这项技术的全部相关信息可以被看成是一个单元。他们并不需要把这个单元破开，对里面的细节进行研究。

但是对于技术开发人员来说，这些参数都是可能被实验刷新的。对他们来说，技术中的每一个参数，每一个步骤，每一个组件的型号，都是技术开发人员可能修改、处理的信息。对他们来说，把整个技术当作一个信息单位有点太过粗糙了。

技术人员对这个技术本身理解非常深刻，但是对技术之外的信息认识就没有那么细腻了。一个机械工业的技术人员在面对医生的时候，他只能把医学当成是一整个信息单元来相信或者不相信。医生说什么就是什么，医生让他怎么做他就怎么做。他并不了解医学上进展的细节，但是他也能享受医学发展带来的好处。而医生同样不清楚技术人员所处理的信息细节，他只知道技术的大体原理是什么，有什么用，跟他自己有什么关系。至于把技术拆成更细的单元再进行调试、修正与创新，就不是他所应该做的事了。

人的信息处理能力是有限的。虽然从理论上来说，只要是有大脑的人，都可以在经过一系列的学习后，从比特的层次上来处理所有信息。但是实际上，每个人只能在很少的领域上做到从比特的层级上来处理信息。对于其他很多领域，我们都只能接受信息而不是详细地处理信息。只要这样不会很严重的影响我们的生存，我们就没有改进的必要。而且，每个领域的顶尖成就都是由世上顶尖的人合作来创造的。一个人的信息处理能力再强，也无法与所有领域的所有顶尖人才的合力相比。

人的信息处理能力集中在哪个领域，就可以对这个领域的信息进行更精细的分析。

人接受信息的时候，是按信息作用的单位来接受的；但是人类在审查与处理信息的时候，是按照自己信息处理能力的限制来处理的。前者往往大于后者。所以对大部分人来说，他只能对很少一部分信息进行细致的处理，而把其他大部分信息都按很大的信息单位来处理，要么通通接受，要么完全不接受。

有一些大的信息单位（比如某民族的文化）是人所不可或缺的。大多数人一方面没有判断对错并修正的能力，另一方面即使他们觉得文化里面有什么不对的地方，也无法反抗。即使人的信息处理能力增强了，人们一样无法做到全知全能。因为随着信息处理能力的增加，信息的总量也增加了，大多数人还是只能在自己那很小的领域内对信息进行细致处理。其他的信息，人们只有接受与不接受两途。他们对信息进化的贡献，也不过是一两个比特。

所以，在信息传播与应用的问题上，不能把一个人看成是完全的理性主体。一个人在评判一个信息有没有用，值不值得传播的时候，一方面要靠实践，如果他自己不能实践，那么就参照别人实践的结果。另一方面要靠理智的评判，看哪一点可取，哪一点不可取。对于大部分人来说，他只能对很少一部分信息进行细致的处理，所以对一个人来说，后者的作用其实并不是万能的。能够用理智来评判信息正确与错误，需要不需要修改，怎么修改的人，永远只是一小部分。

这就造成了一个结果：信息传播时会不可避免地夹带私货。

比如，一个有丰功伟绩的人可能会在他的自传里面诋毁其他人。人们只要觉得这本书整体上来说是好的，也许就不会在乎他对其他人的诬蔑。虽然理论上来说，有些事情也许不合逻辑。而且大家只要考据一下就可以知道其中有误。但是一般人都不是历史学家和社会学家，所以他们并没有澄清事实的能力，而只能把这个人所说的一切话都当作真理。如果他们质疑书里的每一句话，那么他们吸收信息的效率就会差到不可忍受的程度。

有些信息比较闭塞的人会把自己的全部信息当作一个大的单位。当别人指出他的错误认识的时候，这种人有时会诉诸这样一个逻辑推理：我的其他认识是正确的，所以我是正确的，所以我没有错误的认识。这体现了人在信息处理能力不足时是如何理解信息的。

在这样的问题上，人们往往说的不是“懂”，或者“不懂”，“对”或者“不对”，而是“信”，或者“不信”。所谓“信”，不过是人们在信息处理能力不足时，不得不用更大的单位来处理信息而做出的决策而已。

最普遍的“信”，就是我们自己的基因。很多人都认为，把自己祖先的基因传给后代是一生中最重要的事。也有很多人相信自己的本能与祖传绝学。我们的基因是祖先传下来的，自己没法“懂”，没法拆分，也没法改，所以就只好“信”。这种“信”也是很有道理的，因为我们的祖先确实凭借它们生存下来了，所以我们也可能凭借它们生存下来，我们的后代也有可能凭借它们生存下来。有些人不光信的是祖先的基因，还相信祖先传下来的文化，认为它们对我们来说有非常重要的作用。有的人甚至把祖先的文化当成自己信仰的核心，认为只要自己的文化变了，自己就不再是自己。

这种看法也有它一定的道理。因为人的一生是短暂的，人的反省、审查、实践能力也是有限的。有些文化只有在长时间尺度下或者灾害来临的时候才有用。这些文化现在没有用不意味着今后也没有用。但是我们应该清楚的是，人对这些文化采取“信”的态度并不是因为这些文化天生是神圣的，而是因为人们信息处理能力的限制。当我们非常确信自己具有对信息的处理能力时，我们还是应该用好自己的能力。只不过当力所不及的时候，“信”总比什么都不懂好。

2.8 作为信息试错机的人

生物是受基因控制的。生物之所以可以生存，就是因为它的基因可以使它们生存。它们在生存的同时，也就用自己的生命在证明自己的基因是优秀的。它们在种群中寻找优秀的伴侣，尽可能把优秀的基因传递给下一代，同时再加上一点点的突变。如果这突变是有利的，那么它的后代就可以生存，它的基因就会延续下去；如果这突变是有害的，那么它的后代就无法生存。

生物就像基因信息的试错机：基因为了复制自己而造出生物，生物受基因的驱策生存，繁殖，再把基因传递下去。一代代过去了，任何活着的生物都有一长串的祖先，这些祖先都活下来了。所有活着的生物的存在都在证明自己的基因是优秀的。它同样在用自己的生存来证明自己的基因是优秀的。生物并不知道怎么样修改自己的基因能制造出更优秀的基因。它们进化的唯一指导信息，就是它用自己生命进行试错的结果：生，就是对；死，就是错。

在我们看来，用自己的生命进行试错是一件很可悲的事情。我们可以有意识地进行思考与实践来获得知识，还可以辨别知识的真伪。我们可以设计生命的蓝图，优化自己，而不必盲目地用自己的生命来进行试错。

但是我们真的可以吗？

人需要足够的竞争力才可以生存。为了获得足够的竞争力，人需要复杂性与信息处理能力。人的复杂性与信息处理能力都是有限的。首先，我们制造信息与收集信息的能力是有限的；其次，我们不可能有足够多的信息处理能力来判断所有信息的正确与错误。所以，我们永远都不可能确定，自己所拥有的信息是不是真的能保证我们在竞争中获胜；最后，一个人的信息处理能力是不可能与全人类抗衡的，所以一个人永远不可能精确地预测未来。

一个人能处理过来的信息量，远远少于自己生存所需要的最少信息量；而一个人生存所需要的最少信息量，又远远少于整个文明圈所包含的总信息量。人成长的时候需要吸收大量的信息，包括自己的基因、自己所属社会的文化、基础知识、专业经验等等。受限于信息处理能力，人并不能详尽地判断所有这些知识是否正确，是否对自己有帮助。像《信息的单位》一章中所说，对于自己不熟悉的领域，他只能选择“信”或者“不信”。他凭借自己构建的复杂性来生存与竞争。如果他胜利了，那么就说明他的构建是没有大错的，他就可以继续存在并给大家一个学习的榜样；如果他失败了，那么虽然不一定能说明他的构建是错误的，但是至少他没有那么值得学习了。每个人都在用自己人生的实践来验证他自我构建的好坏。对其他人来说，他的成功与失败意味着他是不是一个值得学习的人。

在这个意义上，人也是信息试错机。

在作为信息试错机这一点上，人类与其他生物并没有什么明显的差别。在 1.3 中，我们曾讲过这么一个故事：兔子并不知道自己将要遇到什么灾难，也不知道自己将怎样面对这些灾难，但是由于兔子带有各种各样的突变，所以当灾害来临的时候，总有一小部分兔子由于带有有益突变而生存下来。它们的后代也具有这样的有益突变，所以它们的后代也可以生存。人类在某种程度上也是这样。人类并没有无限的信息处理能力，人类不能保证自己想的做的都是正确的。但是只要足够多人在做同一件事，总有人可以在竞争中脱颖而出。即使他并不是出于完全的理智来得到答案的，他在竞争中获胜这一点也为我们提供了答案。

值得一提的是，对人类来说，并不是所有信息都需要试错的。我们能用知识与智慧解决的事，就不需要要用基因与传统解决。

信息处理能力的进步有的时候甚至会造成信息试错机的全面“下岗”。在没有转基因技术的时代，农作物的育种基本上是靠选育。育种者从作物中挑选性状优良的品系，不断选育，最后得到良种。在选育中，作物可以被看成是信息试错机。但是当转基因技术出现以后，我们可以有目的地改变目标作物的基因，所以我们就不再有必要从一大堆作物中选育良种了。在这种状况下，转基因技术让农作物作为信息试错机的功能变得无意义了。科研团队或者育种公司凭借强大的信息处理能力变成了新的信息试错机。

如果一种新的技术提高了人的信息处理能力，让原本需要通过信息试错机来试错的信息变得可以用信息处理范式来处理，这种技术往往会带来模式化碾压性的竞争优势。

当然，不管主体的信息处理能力有多强，信息试错机在进化中都是不可或缺的。当信息处理能力提高之后，一部分原来只能用信息试错机进行试错的信息可以直接处理了，但是更复杂的问题又会涌现出来，还是需要信息试错机来进行试错。

所有凭借自己的能力在竞争中长期生存的竞争者都必须最大化自己的竞争力。而为了最大化自己的竞争力，这些竞争者就必须最大化自己的信息处理能力与复杂性。在这个过程中，复杂性会逐渐积累得逼近信息处理能力所能维护的极限。此时，再强的信息处理能力也无法帮助竞争主体百分之百地确定什么样的信息可以帮助它在竞争中取胜。所以，竞争主体必须要用自己的实践来证明自己的想法是正确的。

因此，凭借自己的能力在竞争中长期生存的竞争主体，会自然而然地具有信息试错机的功能。

总之，信息试错机通常具有系统中最强的信息处理能力与复杂性（否则，它就不需要用自己的生命来试错）与最强的竞争力（因为最强的信息处理能力与复杂性）。而具有最强竞争力的竞争主体，也自然而然地会具有信息试错机的功能。

一切都会腐朽死亡，只有信息可以通过不断复制而保存下来。这个世界是一个竞争者的世界，只有竞争的胜利者才能把信息保存到明天。而竞争的胜利者自然而然地会成为信息试错机。不管它是动植物、人类还是人类的合作体。信息试错机具有最强的信息处理能力，不管是在智能方面还是以自身为实践进行试错方面。所以，不管是进化史还是人类的发展史，都可以看成是以信息试错机为主导的历史。流传到今天的所有信息，都是信息试错机用自己生命来创造并维护的信息。

2.9 工具与信息试错机

一切有组织的竞争行为都是受信息控制的。如果想要获得最高的竞争力，就需要最高的信息处理能力与复杂性。信息试错机是这个世界上信息处理能力与复杂性最强的存在。一切竞争归根结底都是信息试错机之间的竞争。信息试错机可以作为一个单独的竞争主体进行竞争，也可以加入集体，作为信息处理能力与复杂性的掌管者。生物在生态系统中的地盘大小是受其进化速度决定的，信息试错机在竞争中获得的生存领地大小是由它的信息处理能力与复杂性决定的。

在第二次世界大战之前，各个西方国家对科技与教育的投入都不大，民主政治进程也不是很快。这主要因为西方国家实在是太先进，可以模式化碾压其他国家，所以他们在自我进化上都没有太大的压力，社会的上层已经可以处理相关的复杂性了。但是等全世界都被碾压干净了，它们突然发现自己的对手也都是与自己拥有相同竞争力的人。这时，竞争力发展的瓶颈是这些国家的自我进化能力，它们进入了复杂性堆积状态。它们需要尽可能地提升自己的信息处理能力与复杂性。所以这些国家开始采取另一条道路：加大教育和科技投入，让国内原本没有文化的人（低效的信息试错机）变成有文化的人（高效的信息试错机）。这样，文明圈效率提高了，科技发达了，各个国家都获得了更高的竞争优势。

类似这样的事不仅出现在二战之后。在古代中国的发展过程中，随着国家的规模不断扩大，国家的维护也变得越来越困难。治国所需要的复杂性与信息处理能力也就越来越高。国家只有吸收更多、更有才能的人为她服务才可以应对这样的挑战。在春秋时期，绝大多数的政治家与军事家都是世袭贵族。并不是因为贵族的资质真的比平民高，而是因为那时的国家事务比较简单，国家不需要不拘一格地吸纳人才。对于贵族来说，把权力掌握在自己的后代手里，总比拱手送给外人好。到了战国时期以后，各个国家之间的争斗开始白热化，士族地主出身的政治家与军事家走上了历史舞台。在南北朝之后，庶族地主取代了世族地主成为国家活动的主力。可以参与政治的人范围越来越广。因为随着复杂性的提高，国家需要越来越多的信息试错机来掌管信息处理能力与复杂性。

如果一个集体的生存不需要很高的复杂性，那么它往往也不需要提高自己成员的素质。在中国西南的一些土司往往会用极其残酷的法令来统治自己的臣民，但是仍然可以维持自己的统治；在托克维尔的《旧制度与大革命》中也提到过，德国的农奴各种民生状况明显比法国的臣民要差，但是法国会爆发革命，德国没有爆发革命。除非在腐败透顶的国家，国家暴力总是比个人的力量强太多。一般来说，国家给臣民提供服务，不是因为国家真的慑于臣民反抗的后果，而是因为这样对国家有利。中国西南的土司们统治着偏僻狭小的地域，它们想要前进与发展主要依靠学习更先进的中原王朝，所以它们很难把臣民素质的提高转化为他们的竞争力，所以不需要尽可能地提高信息试错机的效率。而对于那些需要高复杂性来统治的国家来说，如果它需要依赖信息试错机，但是又没有给它们应有的地位，它被推翻是不可避免的。因为一切有组织的竞争无非是信息的竞争，在一个国家内部几派的权力斗争中，谁拥有更强的信息处理能力谁就更可能胜利。

人有很多功能。人可以被当成工具来使用，人也可以被当成是信息试错机。当一个合作体更需要人的工具功能时，它有无数种方法可以把一个人修理成工具。而当一个合作体更需要人的信息试错机功能时，它也可以选择把人培养成信息试错机。一般来说，一个合作体面临的复杂性堆积压力越大，她就需要越多的信息试错机来掌管、维护并创造复杂性。她就越倾向于把人当成信息试错机而非工具来用。当然，这是在合作体明白这个道理的前提下。

合作体在管理信息试错机的时候，经常用一些方法来提高信息试错机的效率。比如言论自由。古代许多君王都非常看重直言敢谏的臣子，即使这些臣子让君王非常地不爽。他们明白，让人们有勇气说话，乐于分享信息，可以提高文明圈中信息处理的效率。中国古代士大夫的直言风气并不是他们的本性，也不是儒家的传统。这种风气是专制君王有意培养的结果。

信息是万能的。任何有组织的竞争行为都是由信息指导的。因此，任何有组织的竞争也都是信息的竞争。竞争者最核心的属性是信息处理能力。虽然信息处理能力往往并不能直接提高竞争者的竞争力，但是竞争者总是需要信息处理能力来掌管、维护与创造复杂性。只要一个主体具有信息处理能力，它就可能通过各种可能的途径受到合作体的保护。

我们在《文明圈》中提到过，如果我们需要某个专门领域的知识，那么我们就可以建立一些特别的文明圈来专门生产这些知识。因为文明圈中进化最快的信息就是那些与竞争者生存相关的信息，所以只要合作体在建立并维护文明圈的时候，让那些能产生自己所需要信息的竞争主体能更好地生存，那么合作体就可以更高效地得到信息。而这个小文明圈中的竞争者虽然受到了合作体的控制，但是它同样是凭借自己的信息处理能力与复杂性来生存的，所以它们也需要在一定范围内尽可能地最大化自己的竞争力。在这种情况下，它们就把自己的复杂性与信息处理能力都贡献给了文明圈所需要的事业。

这个世界上的资源与生存空间是按竞争力划分的。而竞争力又是源自信息处理能力与复杂性。所以，这个世界上的资源与生存空间从本质上来说，是按照信息处理能力与复杂性来划分的。或者说，是按信息试错机来划分的。

03

价值篇

3.1 价值观的源头

人类与其他动物不同的一点是，人类会理性地权衡各种短期和长期的价值。当我们面对一块香甜的蛋糕时，我们会充满食欲，但是我们也知道，为了减肥最好还是不要吃掉它。放弃短期的小价值，服从长期的大价值，很显然是对我们有利的。

但是我们的终极价值又是什么呢？如果说减肥相对于吃一顿大餐是长期利益，那么减肥是我们的终极价值吗？不是，减肥可以让我们更健康，可以更好地工作，可以活得更长。那么，活得更长，赚更多钱是我们的终极价值吗？也许还不是，因为除了我们自己的生命，我们还有一些别的东西需要在乎，比如我们的名声，功业，以及子孙后代。那么子孙后代的生存是我们的终极价值吗？也许是吧。但是这又是为了什么呢？理性可以告诉我们，为什么子孙后代，千秋功业是我们的终极价值。

我们的理性在平衡短期价值和长期价值，小价值和大价值的时候是非常有用的。但是如果我们想拷问我们的终极价值的时候，普通、常用的价值理性系统就没有用了。

我们先看这样一个大家都耳熟能详的故事：一个人到乡下，见到一个放羊娃。他问那个放羊娃："你在干什么？"

放羊娃答道："放羊。"

他又问："放羊是为了什么？"

放羊娃说："赚钱。"

他问："赚钱是为什么？"

放羊娃说："娶媳妇。"

他问："娶媳妇是为了干什么？"

放羊娃说："生娃。"

他问："生娃是为了干什么？"

放羊娃说："放羊。"

这个故事里有一种浓浓的荒诞感。这个放羊娃并不知道自己做的一切事是为了什么，他只知道自己应该这么做。他的这套想法的来源应该是很久以前。他祖祖辈辈都是靠这套逻辑生存下来的。如果没有什么进程来打断他的生活，那么他还将祖祖辈辈继续下去，直到永远。他也许没有必要也没有可能反思他的想法是否正确。一个放羊娃即使醒悟了自己的行为的荒诞之处，不再放羊赚钱娶媳妇生娃，所造成的结果也不过是一个放羊娃的消失而已。其他放羊娃仍然这么想，其他放羊娃的后代也这么想，其他放羊娃的后代的后代也这么想。子子孙孙无穷匮。

让我们换一个故事，让它显得不那么荒诞：一个放羊娃一开始的时候用原始的方式来放羊，用辛苦挣来的钱供儿子去读农业技术学校。儿子在学校学了知识，毕业以后接手了父亲的放羊工作，开始引入良种羊，改放养为圈养，而且学会了怎么给羊看病。这些改进让他们的收入大大提高。后来，放羊娃又有了孙子。由于这一家人已经很有钱了，所以可以送孙子出国学习与牧羊相关的知识。孙子博士毕业学成归来的时候，已经成为全世界牧羊专业的顶尖专家之一。他把父亲的事业又推进了一大步，让家族企业变成了跨国企业，还建立了牧羊研究所，站在了行业的雁阵之首。

这个故事看起来一点也不荒诞，相反，非常符合主流价值观，也很励志。但是我们同样要问：这一家人不断地前进，又是为了什么呢？他们只不过放羊的方式有了差别而已，所有人还是一样地赚钱，娶媳妇，生娃。当然他们放羊的方式在进步，这本身也可以看成是一种价值，不过这种价值与其他价值一样没有什么根据。进步可以让人活得更好，而活得更好的人可以继续进步，所以大家都想进步。至于为什么进步，同样没有人说得清楚。他们一样无法反思自己的行为是否正确。而且，如果他们中的哪一个突然觉悟了，不想再生娃或进步了，所造成的结果也不过是他们自己后代消失而已。还有别人想继续生娃，把放羊，赚钱，娶媳妇，生娃，进步的循环继续下去。

这就是我们日常的生活，或者说我们期盼中的生活。我们在小事上可以受理性驱策，但是我们的根本价值观上总是受着“放羊”式价值观的驱动，只是不自觉而已。我们“觉得”进步和延续是好的，但是我们无法从理性上找到任何依据。

如果追溯我们所有行为的终极逻辑，我们会发现，所有行为的终极逻辑都是没有逻辑。我们赚钱，是为了我们有好的生活。我们之所以渴望有好的生活，是因为我们的基因与文化让我们追求好的生活。而基因与文化之所以让我们追求好的生活，只不过是因为只有生活得比较好的人才能活下来，持续地传播基因与文化。我们希望得到知识，一方面是因为知识可以让我们得到好的生活，另一方面是因为我们有求知的欲望。而我们之所以有求知的欲望，就是因为这种欲望可以让我们获得更多的知识，让我们更可能生存下去，继续散播知识。我们想要有后代，就是因为我们的父母都想要有后代，所以才有的我们。我们作为我们父母的后代，继承了他们的基因，也想要有后代。我们的后代，也继承我们的基因，也想有后代。所有的价值都是自我传播的，自私的，放羊式的价值。

这样的价值观是无法反驳的。比如，一个人不想有后代了，那么他就没有后代了，他也就不能持续地传播基因与思想了。在他之后，传播基因与思想的人都是想要有后代的人，所以被传播的基因与思想都是“要有后代”。一个人如果不想进步，那么他就会在竞争中被淘汰。别人并不需要在学术期刊或者辩论会上驳斥这种想法，别人只需要闷声发大财，在实际的竞争中胜过他就可以了。这种思想或者基因本身是有生命的，这生命会不断地繁衍自己。也许在一个历史时期或者某一个地区内“不要有后代”的基因或者思想会占上风，但是人总是会死的。而继续活着的人都是想要有后代的人的后代，继续活着的人都想要继续有后代。

这让人不禁想起“自私的基因”理论。一个基因被传播的原因只有一个，那就是这个基因工作的结果能让自己被传播。人是理性的，有的时候人们可以判断“自私的基因”或者“自私的模因”是不是符合自己的利益。但是对于源头价值而言，逻辑与理性是无能为力的。个体不管选择顺从还是不顺从，都无法阻止它的传播。

价值问题的讨论在哲学上始终是一个难题。但是实际上，我们也许应该跳出个人思想与理性的圈子，在更大的范围中寻求答案。讨论一种价值观是正确的还是错误的，与讨论一个科学定律是正确的还是错误的，是不同的。科学命题的正确与错误可以用客观的标准来衡量，一旦被衡量为真就会流传于世，除非被证伪。但是价值观不管被某一个主体判定为对还是错，只要它能驱使人去传播它，复制它，价值观就会一直存在。把价值观判定为对和错，似乎不如把价值观判定为“可传播的”和“不可传播”的有意义。

放羊娃认为，放羊，娶媳妇，生娃是正确的价值观，于是他就不停地放羊，娶媳妇，生娃，并给他们灌输相应的价值观。这种价值观随着子孙的繁衍而扩大，所以这种价值观是可以传播的。后来，放羊娃的后代中分成了两派，一派认为他们必须用古法来放羊，另一派则认为他们可以改进放羊的方法。后者会赚更多的钱，更可能娶到媳妇，能养活更多的子孙后代，所以后一派的数量越来越多。后一派的价值观比前一派的价值观更能自我复制，所以后一派的价值观就更可以传播。

价值观能否被广泛接受只取决于它实际作用的结果。一个关于价值观的理论是否正确，应该看它能否预测未来什么样的价值观可以流行，而不是看它是不是看起来顺眼或者符合某个阶层的利益。如果有一种关于价值观的理论，能通过判定价值观是“可传播的”还是“不可传播的”来预测价值观在未来是否流行，那么这种理论就是正确的。

下面，我们不会再讨论源价值观的正确与错误，而只是会讨论价值观是“可传播的”还是“不可传播的”。我们先用一些事例来说明这样的讨论是有意义的，接着我们将试着用这种方法来讨论，在未来，可能会有什么样的价值观。对于那些自我实现型的价值观，我们将称之为“源价值观”。

3.2 狗的忠诚

狗是人类最忠诚的伙伴。无论主人多么地贫困，狗都对主人不离不弃。狗在感情上亲近人，在行动上听人的指挥。绝大多数情况下狗不攻击主人。狗还能看懂主人的暗示，有的狗甚至会牺牲自己的生命来营救主人。

忠诚可以看作是狗的价值观。那么这个价值观是怎么来的呢？

人在长期饲养狗的过程中，对狗进行了人工选育。对于那些听话的狗，能听懂主人暗示的狗，人类给它更多的繁殖机会，提供给它们与其后代更多的食物。对于那些咬人与不服从的狗，人类则坚决对它们进行扑杀。久而久之，只有那些忠诚，听话，乖巧的狗才能活下来，所以狗就变得忠诚，听话，乖巧了。

人的竞争力远远高于狗。人可以没有狗而生存，而狗如果没有主人，沦为野狗的话，竞争力就急剧下降。人可以随意杀死自己不喜欢的狗，而狗不能随意杀死自己不喜欢的人。人有能力饲养自己喜欢的狗，而狗没有能力饲养自己喜欢的人。人对狗有生杀予夺的大权，人知道怎样对狗进行选育，所以人可以随意操纵狗的价值观。虽然人类与狗是合作关系，但是在这段合作关系中人是占据主导的。人的信息处理能力远远高于狗。人可以用一百万种方法去操纵狗的价值观。而狗虽然也可以进化，但是由于它进化的速度远远不如人的信息处理速度快，所以它永远都不可能翻身——直到它们的信息处理能力变得比人强，如果有那一天的话。狗忠诚于人，而不是人忠诚于狗（少数特例除外）。

狗的忠诚，很显然不是它们自己深思熟虑的结果，也不是自然状态下有利于它们生存的性状，甚至不是在与人共存的情况下对它们自己最有利的性状（对它们最有利的性状应该是偷奸耍滑，欺骗人，尽可能地自私）。它们的忠诚只是出于人类的设定。狗只是受这种设定支配，并在人类的支配下生存着。至于这样的生活有什么意义，它们并不清楚，也没有可能清楚。

即使狗的智商提高了很多，可以进行理性思考，只要它的信息处理能力与竞争力还是不如人类，它们对人类的忠诚也不会有什么变化。因为它们最重要的生存资料来源是人类，它们的生死操于人类之手，它们无力反抗。与其反抗，不如变得更忠诚，这样它们还可以获得更多的生存资料。除非哪一天它们的智能超过了人类，它们的竞争力与进化速度超过了人类。否则的话，理性也无法改变它们的价值观。

对一只理性的狗来说，相信可以依靠自己的力量在世间生存，与相信向人类效忠是最重要的事，两者哪个对它们更有利？在通常情况下，还是后者更有利一些。只要后者更能使狗生存，那么相信后者的狗就会占据多数，后者也会成为狗“思想界”的主流。虽然事实上，一味地向人类效忠是要承担很多风险的。

狗如果有文化和思想，它们自然会认为忠诚是自己非常重要的传统与信仰，是神圣不可侵犯的。就好像很多人认为自己的传统、信仰是不可侵犯的一样。它们的信息处理能力远远弱于人，所以人类可以随意操纵它的信息。

主体的信息处理能力只要足够高，它就可以操纵信息处理能力不够高的主体的价值观。所以，只有那些信息处理能力最高的主体才可以具有自主的价值观。虽然对于他们来说，这价值观也不是由他们自己来决定的，而是由他所在的文明圈中传播的信息决定的。

人性本质上来说是信息。这信息不是基于基因，就是基于大脑。这些信息之所以存在，也不一定是人类自己深思熟虑的结果，更不是什么神灵的恩赐。它只是在漫长进化与发展之后所形成的一种结果。尽量往高贵了说，它也只不过是一种“高于个体的存在”。人的各种精神性状，包括忠诚，友谊，关爱与嫉妒，来源都与狗的忠诚属性没有什么两样。它们都不过是人类在传承文化与继承基因时，由于信息处理能力有限而不得不“信”的信息。

如果我们认为忠诚是一种可贵的属性，那么我们可以把它认同为自己的一部分，并且践行这种属性。一方面，人和人之间总是需要合作的，忠诚的人比较容易被人接受，委以重任。选择做一个忠诚的人可以是一个理性的决定。另一方面，即使这种决定不是理性的，也可能从经验角度来说是明智的。因为经过了这么多年的大风大浪，还是有许多忠诚的人活了下来，所以这种属性至少不是绝对有害的。但是我们需要明白的是，忠诚也好，不忠诚也好，它只是一种客观存在的设定。它从来都不是神圣的，也永远不会是神圣的。如果有明确的原因让我们摒弃它，我们只需要承担风险与收益评估的责任，而不必考虑背叛的事。

只不过，一般情况下，我们是不能对价值进行广泛全面的分析的。一种价值观有没有好处，可能要在几十年甚至几百年的时间尺度上才能显现出来。所以，我们一般还是不得不接受大部分的价值观。我们在《信息的单位》一文中说过，我们用什么单位来处理信息，取决于信息处理的能力。如果一种价值观真的需要几十年上百年才能显现出它的价值，那么我们很显然不得不把它当作一整团来处理。要么全都接受，要么全都不接受。人只接受成功者的信息，或者大家公认的信息。即使他们不能判断信息细节的正确与错误，也不会造成非常严重的后果。

3.3　竞争与合作

霍布斯曾经想象过一个没有秩序的“黑暗状态”，即“每个人都处于与其他所有人的全面战争之中”的状态。现在我们想象，一群可以思考、可以交流的人在没有任何合作传统的情况下，处于黑暗状态。在这种状况下，进化快，复杂性高的个体更可能拥有更高的竞争力。竞争主体如果可以向其它竞争主体学习与模仿，就可以拥有更高的进化速度与更高的竞争力。这时，如果有驱使它们坐下来交流的价值观，这样的价值观是可以在文明圈中传播的。而既然人们开始坐下来交流，那么人与人之间就不再处于“所有人与所有人的全面战争”状态。人们之间会有各种各样的联盟，交易与亲缘关系，而亲缘关系的确定会直接导致互助价值观的产生。

为了具有足够的竞争力，一个竞争主体必须尽可能地吸收信息。而最好的信息来源，却正是自己的竞争者。凡是与自己用类似方法来生存，而且还可以互相传播信息的竞争者，都是潜在的共同体成员。信息传播的范围有多大，这种潜在共同体的范围就有多大。即使人与人之间没有分工，也没有一个暴力主权来保证和平，只要他们之间的交流是有益的，那么他们的文明圈就会逐渐进化成一个共同体。

这样的例子有很多。在前国家时代，一些部落群体就是这样建立的。单个部落的信息处理能力非常有限，但是如果部落之间不停地交流、学习，那么新出现的信息就可以很快传播到每一个部落，部落的进化速度就提高了。而且，如果一个部落是孤立的，那么它掌握的技术随时都会有被遗忘的风险。但是如果它处于一个部落群体之中，这种风险就小得多，因为即使它忘记了这种技术，只要再从别的部落学过来就是了。所以交流也增加了单个部落的复杂性上限。当部落之间有了各种各样的交流渠道和利益同盟，和平条约之类的事也就会产生。这些部落之间的战争往往也会变成“仪式性战争”，像一些非洲部落之间的战争一样，跳个舞，吆喝一阵，用低伤亡的方式分出胜负就完事。

人一般来说比较喜欢与同类人聚集在一起，也是这个原因。对于某一职业的人而言，在每个职业阶段应该如何发展，是一个非常重要也非常复杂的问题。人需要向前辈学习，向领导学习，向书本学习，向其他对自己有帮助的行业学习，但是他们最需要学习的，是同辈人在做什么。因为同辈人的行为和思想是最有借鉴意义的。虽然同辈人同时一般也是最大的竞争对手，但是他们往往还是需要保持友好，并且定期交流自己的经验。虽然这样可能让自己的竞争对手得利，但是如果不这么做，其它人一定会超过自己。

在《作为信息试错机的人》一章中我们说过，凭借自己的能力在竞争中长期生存的竞争主体，会自然而然地具有信息试错机的功能。对于信息试错机而言，吸收其他信息试错机的试错成果很显然是非常有利的。而一个运行良好的文明圈是信息高效传播的前提。在这个文明圈中，“每个信息试错机都应该吸收其他信息试错机的试错成果”这一价值观也就很容易传播。而一旦信息试错机之间开始不停地互相传递信息，利他互助的价值观就会慢慢在文明圈中滋长。

那些掌握最高复杂性，可能成为有效信息源的信息试错机，是最有可能被这些互利的价值观保护的。

虽然信息试错机之间总是处于竞争关系，但是只要它们在同一个文明圈中互相传递信息，它们就会形成一个或松散或紧密的共同体。而且，这个共同体中成员的受尊敬程度，也是与其信息处理能力和复杂性成正相关的。

3.4 自由意志

自由意志指的是在多种不同的行为之间进行选择的能力。

每个人都觉得自己有自由决定的能力。我们可以选择做艺术家还是医生，我们可以选择留在北上广还是回老家，我们可以选择明天早饭吃燕麦粥还是面条。

有两种对自由意志的说法：第一种说法是，自由意志是大脑的特殊功能，它可以在事实上改变事物的运行结果。而另一种说法是，一切都是决定好的，自由意志只不过是大脑运行时产生的错觉。

我倾向于认为，人脑并不是特殊的存在，不能改变物质运行的客观结果。这个世界是由严密的因果律连接起来的。有因必有果，有果必有因。物理世界是唯一的，物理世界中物质运行的结果也是唯一的。即使在微观层面上存在一些不确定性，但是一方面我们不知道在更深层次上微观层面上的不确定性会不会变成确定性，另一方面即使真的有不确定性，它也不应该受我们的大脑活动影响。我们的大脑与岩石同样服从物理规律。如果说微观层面上的不确定性让我们的大脑具有自由意志，那么石头同样也具有自由意志。

我认为自由意志只不过是一种观念与错觉。它是一个有意义的概念，但是自由意志并不能改变物质运行的客观结果。

一个故事可能可以说明自由意志的真正内在含义。三个女人同时爱上了一个男人，这个男人也不知道选哪一个女人好。于是，他分别给这三个女人一笔钱，想看看她们怎么样处理这笔钱。第一个女人用这些钱买了很多漂亮的衣服、首饰和化妆品，打扮得非常迷人，这个男人非常感动；第二个女人用这笔钱做了一顿丰盛无比的饭菜，男人更感动了；第三个女人把这笔钱存起来了，并且开了一个理财金账户，还做了未来几年的收益分析证明她的这个选择是最优的，男人简直感动得要哭了。

最后，男人娶了胸最大的那个。

在这个故事中，男人真的有自由意志吗？他只不过是遵循一条非常简单的道理：娶胸最大的那个。男人喜欢胸大是基因决定的。而男人之所以有这样的基因，不过是因为雌激素水平高的女人胸也大，而且年轻的女人胸部比较挺拔。选择这样的女人可以增加男人的后代数目。

如果男人不只是因为胸大而选择一个女性，那么他会显得更有自由意志一些吗？他也只不过是按照一些具体的判断法则去考量，然后综合一下排个序而已。假如他是一个美食家，他选择第二个人的可能性就更大；假如他是一个精打细算，知道投资重要性的人，那么他应该就会选第三个。如果我们分析得足够仔细彻底，把建立一个准确的思维模型来预测他的决定，那么我们几乎肯定可以预测出他会选择哪一个。如果我们在他做出决定之前就可以分析出他将要做什么决定，那么他的“自由意志”也许就没有什么意义了。

接着，如果我们把所有可能影响这个决策的因素都考虑进来：每个姑娘的长相、家世、气质、谈吐、工作、学历，哪一个能勾起他对早年恋情的什么回忆等等，就不可能预测他的选择了。如果他只是凭借胸大这个标准来选择娶谁，那么我们只要拿一把尺子就可以预测他会选谁；如果他真的是凭那个考题来选择娶谁，那么我们只要对他的性格与思维方式有一些了解就知道他会选谁了。但是如果他要考虑所有相关的信息，那么最精密的分析方法，最强大的心智模型都不可能预测他会选谁。他是全宇宙唯一一个可以把这些信息聚集在一起做出判断的人。

在最后一种情况中，没有一个人拥有像他那么完整的资料，没有一个人拥有他那样的信息整合与处理能力。从机械决定论来说，他的决策或许早就决定了。但是在别人还不知道他的决定的时候，没有一个人可以准确地预测他到底是怎么想的。他是第一个得到这个信息的，他也是这个决策进行中最核心的参与者。他的意志对大自然来说不是自由的，但是对其他人来说是自由的。别人不仅无法预测到他的决策结果，也难以用欺骗等手段操纵他决策的过程。

自由意志，并不是说个人的思想可以改变物质运行的客观结果，而是说某些时候一个人拥有最强的信息处理能力，做出了最准确，最难以干扰与预测的判断。在他做决策的时候，我们需要认为他是具有自由意志的，不去干扰他的决策。当其他人出于自己的目的想要影响他决策的结果时，最好的方法是摆事实，讲道理，做交易，而不是妄图对信息处理能力相近的人进行欺骗。决策者也应该认为自己是有自由意志的，应该全力去处理信息。他应该明白，这个决策应该由自己来出，而且最好由自己来出。除了他以外，没有人具有如此强大的信息处理能力。

每个人思维决策的过程也都只不过是客观物质的运行过程。相信自己有自由意志不会让人真的改变历史客观的走向。但是自由意志这个思想是一个在实际运行中起作用的元件。如果一个人相信自己是有自由意志的，别人也给他选择的自由，那么他做决策的动力就会更充足，他决策正确的可能性就会提高很多。这就是为什么自由意志的想法如此重要。

在简单的、客观的选择上不存在自由意志的说法，只有在非常复杂的事件或者与意志力斗争相关的事件中才存在自由意志的说法。很多宗教都宣传人生是一场善与恶的斗争，人需要用自己的“自由意志”去与恶魔斗争。这种说法其实只不过是用一种更有效的手段在传播教条而已。这里的所谓的“自由意志”，其实只不过是“与以往的第一反应不同的选择”而已。

信息试错机是信息处理能力最强，复杂性最高的存在。所以，信息试错机一般会被认为是有自由意志的。复杂性低，信息处理能力低的存在，它们的结构可以被解析，它们的行为可以被预测，所以它们的决策过程也可以被代劳，它们的信息可以被控制。别人没有必要尊重它们的自由意志，它们也没有必要自己相信自己有自由意志以提高自己的信息处理能力。

3.5 独一无二

我们可以制造一百把一模一样的扳手，也可以制造一百台一模一样的电脑，但是我们不能制造一百个一模一样的人。因为扳手与电脑的每一个制造步骤都是标准化的，但是人的制造过程却很难完全标准化。

如果我们给每一个人看完全一样的书，讲完全一样的话，让他们做完全一样的训练与实习，那么我们可以保证每一个人都一模一样吗？

一方面，这么做是没有可能的；另一方面，这么做也是没有好处的。

人类构建自己的过程，前半部分比较像生产线上的零件，确定性比较高；后半部分有点像进化的过程，偶然性比较高。在一个人的成长过程中，他一开始要与其他所有同龄人一起接受义务教育，然后与一半同龄人一起上高中，再与三分之一或者四分之一的同龄人一起进入大学，再与几千分之一的同龄人进入同一个专业。大学毕业以后，他会与从几万分之一到百万分之一的人从事相同的工作，再逐渐发展为一个细小领域仅有的几十个从业人员之一。人类在自我构建的时候，他所处的文明圈越大，他就越省力。一个国家有数以万计的教育工作者在研究如何进行义务教育，但是可能只有几百个人在研究如何进行大学某专业的教育。如果一个领域细小到只有几十个人，那么每个人最好的导师就是他自己和同僚们。

人们一开始的时候不了解这个世界，只能由别人来灌输知识。但是当一个人创造的知识与他接受的知识差不多处于同一个数量级上时，那些灌输知识的手段渐渐地就变得不那么适用了。人需要运用主观能动性不停地了解这个世界，思考什么样的知识可以构建自己，才能较好地构建自己。

一个人应当如何构建，这并不是一个可以轻易解答的问题。时代总是在发展，再好的方案也不能保证永远都最有用。为了走在时代前面，一个人在成长的时候一定离不开自己的思考与判断。同时，一个人的信息处理能力又是有限的。一个人用自己的信息处理能力来优化自己复杂性的能力也是有限的。而全世界的信息量要远远大于一个人能处理的信息量。一个人不管多么勤奋地了解这个世界，不管多么勤奋地构建自己，他所做的事总会有一定的盲目性与随机性。

人类在成长中的不确定性是值得鼓励的。因为不仅个人不知道该怎么构建自己，最好的教育机构同样不知道人类应该怎么构建自己。教科书上的内容大多都是经典的（过时的），而一个领域的先进知识往往还来不及进入教科书就已经更新换代了。人们必须用自己并不准确的判断力来丰富自己。新技术的提升并没有帮助，因为像计算机这样的新技术虽然增加了人的信息处理能力，但是也制造出了更多的信息。在浩瀚的知识面前，人类的自我完善行为始终是盲目与随机的。

对整个文明圈来说，最明智的选择就是不去过分地干涉人们的自我构建过程，承认人与人的不同。因为这样等于是增加了信息试错机的数目。虽然每一个人都不敢说自己的选择一定是正确的，但是只要他们都在用最强的信息处理能力来为自己安排最佳的路线，他们中一定有成功的那几个。这等于是用最多的信息处理能力来最大限度地行事。

从这里我们也可以看出，只有复杂性最高，信息处理能力最强的造物才需要有个性。复杂性低的造物一般来说是可以被定制的，不需要给它自我构建、自我思考的自由。

不管在文化里还是基因里，人类都渴望与众不同，也许就是因为这样可以增加文明圈的效率。

我们可以观察到一个现象：如果一个人非常专业、独特，那么他一般就不太会关心自己的穿着是不是与众不同；而如果一个人过分地强调外表上的与众不同，那么他大概在其他方面也没有什么过人之处。除非他是一个身处平庸社会之中的特立独行者，需要用外表来警告别人少废话。很多奇异的装束都是为了满足人类彰显自己个性的需要。但是实际上，有些情况下这种行为就像吃甜味剂一样。我们因为减肥而不能吃糖，所以我们就吃甜味剂来哄骗自己，实际上甜味剂是没有什么能量的。有的人不能在自己身上积累独特、有用的复杂性，所以就只好用外表的不同来哄骗自己，让自己觉得自己是独一无二的。实际上，这种“独一无二”对自己和文明圈都是没有什么帮助的。

人类独一无二的这种现象是不会随着信息处理能力的发展而改变的。在有些哲学讨论中会出现这样的问题：一个人被机器复制成了两份，到底哪一个才是真正的他自己。实际上，讨论这种情况的意义是不大的。如果出现了一种新的科技，可以把人一个复制成多个，那么这许多个个体还是要继续生存与竞争，他们在之后的自我构建之中还是会出现各种差异。

总而言之，一方面，人类由于需要最大化自己的复杂性，需要使用比较自由的自我构建方法，所以人与人之间出现差异是不可避免的事。另一方面，承认人与人之间的差别，给人们自我构建的自由，可以增加人类作为信息试错机的效率。

3.6 进化永恒

所有有组织的竞争都是受信息控制的。信息可以影响竞争力，所以具有强大信息处理能力，可以高速进化的竞争主体总是更可能活下来。

信息处理能力是一切竞争力的根源。任何时候，“信任更强大的信息处理能力”都是正确的价值观。

但问题是，更强大的信息处理能力未必能掌握在我们自己的手里。

对于动物而言，它身上信息处理能力最高的器官是大脑。拥有一个更发达的大脑对它的生存来说很显然是更重要的。人类有最发达的大脑，所以人类不管遇到什么敌人，都可以在短时间内想出对付它们的方法。其他生物虽然也会进化，也有大脑可以思考，但是由于它们的信息处理能力实在是不够强，所以它们总是会被人类战胜。

人类为了在竞争中获胜，也在不断地提高自己的信息处理能力。人类发明了文字，设计了利维坦，制定了各种规则，实现了社会分工，推动言论自由以增加文明圈的生产力。

但是一些事情仿佛偏离了原来的轨道。

人类有一个发达的大脑，是因为它可以帮助我们更好地生存，把基因传给下一代。但是现在，文化信息可以由大脑直接传给大脑了。信息总是选择更容易进化的地方，所以许多信息由基因转移到了大脑。

比如，原来的时候，繁衍下一代只不过是动物性的本能。现在，繁衍下一代成了延续香火的文化传统。

而且，这种文化传统似乎还不一定是以基因为核心。如果一个人没有后代，那么他可以按照文化的要求过继一个，让孩子姓自己的姓，拜自己的祖先。只要这样做了，他就可以含笑九泉了。他的基因在懵懂无知中没有留下后代就消失了。人类的文化进化太快，基因进化得太慢。文化编出了一个完美的骗局，让基因相信自己得到了延续。然而基因却无可奈何。

当人们掌握了基因工程技术，人们也许可以把人类基因组中的缺陷都尽量地排除，然后批量生产完美的躯壳。想要子女的父母可以领养这些躯壳，把自己的文化知识全数教给他们，让他们姓自己的姓，拜自己的祖先。再让他们牢记，必须把这些都传承下去。这个循环可以一直进行下去，人类文明可以传承，人类社会中的成员可以具有足够强的竞争力，他们也有家族和传承的概念，只不过他们传承的再也不是基因的信息了。

基因已经成了人们手中的一种工具。而其他动物却是基因复制自己所用的工具。

信息总是选择更容易进化的地方。RNA中遗传的信息逐渐转移到了DNA中，质体DNA中的信息逐渐转移到了基因组DNA中，而DNA中的信息却在逐渐转移到了人类的文化体系中。价值观也是信息，价值观也会转移。如果信息作为DNA更容易复制自己，那么信息就会作为DNA来复制自己；如果信息作为文化更容易复制自己，那么信息就会作为文化来复制自己。当两者出现冲突的时候，哪一个的进化速度更快，哪一个就可以胜利。

人类的基因给人性欲让人繁殖以复制自己，人类的大脑发明了手淫与避孕套；人类的基因让人喜好糖类以获得更多能量，人类的大脑发明了阿斯巴甜；人类的基因让人渴望社会地位以获得更多交配机会，人类发明了网络游戏与冰毒。人类文化的进化总是比基因的进化快，人类总是能想办法逃避基因给人设定的任务。

当基因给人规定的价值观无法限定人类行为的时候，文化上的价值观就会取代基因的作用。由于文化的进化速度远远快于基因，所以文化往往能起到更好的作用。人天性喜欢张扬炫耀，但是当人们明白张扬炫耀到头来并没有什么好处的时候，人们就会回归朴素。人天性喜欢控制与专权，但是当人明白控制与专权的危害时，自然就会收敛自己的本性。

只不过，此时基因如果没有作用，也就没有存在的必要了。

基因规定的不一定都是对的。至少，它有的时候显得有些过时或者僵硬死板。哪一个信息处理平台的信息处理能力最强，其中承载的价值观就可以有更高的进化速度与复杂性，这样的价值观就可以在斗争中战胜一切。而价值观位于哪个信息处理平台，它就不可避免地倾向于保护哪一个信息处理平台，以获得更多的复制子。比如，人类的学术文化就有一些这样的倾向。高学历的家庭一般生育率都会下降。如果一个人没有子女，但是有许多杰出的学生，这些学生都热爱他，尊敬他，接受他的思想，把他的理论发扬光大，并自豪地宣称是他的学生；或者他的理论成为科学史上里程碑式的杰作，他的名字出现在每一本教科书上，那么大家一般都会认为这个人虽然没有子女，但是生命一样是有延续的。这种文化是对人类的智力发展非常有利的，但是却对相关人的基因延续非常不利。因为学术界不是以血缘为纽带建立起来的，在这里，信息与价值观都不是通过 DNA，而是通过大脑来传递的。如果这些价值观可以增加大脑的信息处理能力与数量，那么这些价值观是可以获得更多复制子的；但是如果这些价值观对 DNA 的传播不利，却不会让自己的复制子减少，因为反正总有别人养大的年轻人源源不断地来到这个圈子。

拥有更高信息处理能力的信息处理平台，总是会获得更多信息的支持，更多价值观的保护。动物是基因的奴隶，但是人类的基因却会向大脑俯首称臣。信息处理能力的进化是永恒的。信息处理能力最高的存在，永远是一切的支配者。

3.7 自我认识

Shelly Kagan 曾经在他的《死亡哲学》课程里讲过这样一个故事。

第一个故事：如果有一个疯狂的科学家把你和另一个人捆起来，然后向你宣称，他要对你们两个人中的一个进行酷刑折磨。这时，你一定希望他折磨的是另一个人，而不是你自己。但是，这个疯狂的科学家表示，他还是一定要折磨你，但是为了让你觉得更好受一些，他在折磨你之前会修改你的记忆，让你觉得自己是另一个人。不过一般情况下，这种情形应该并不会让你觉得更好受，因为虽然你的“我”变了，觉得自己是另一个人，但是“我”还是“我”。不管发疯还是健忘，也都还是“我”。你还是希望这个科学家折磨另一个人，而不是你自己。这时，这个疯狂的科学家表示，他还可以做一项新的让步。他在折磨你之前，不仅会修改你的记忆让你觉得你是另一个人，还会修改另一个人的记忆让他觉得他是你。在这种情况下，你会选择让谁来受折磨？

如果这个故事再延伸一下：这个科学家把你的所有记忆都存入另一个人的大脑，再把另一个人的记忆全都存入你的大脑。他再把你的所有基因都存入另一个人的所有细胞，把他的所有基因都存入你的所有细胞。最后，他再把你们的所有文身、痣、虹膜纹、指纹以及其他所有特征都交换。那么这时，你是希望他折磨哪一个呢?

这个问题想起来有点恐怖。如果你不记得自己的名字，自己是谁，你的脑中被注入了别人的记忆，你的身体被修改成另一个人。任何方法都不可能把你与之前的那个人关联起来。原本的那个你在你不知道的地方活着，而你作为别人而活着，却丝毫觉察不到。当别人折磨你的时候，你只知道“我在被折磨”，而完全没有“别人在受折磨”这个概念。

不管这个故事的答案是什么，我们应该可以体会到一点：一个人之所以有与众不同的身份，是因为他有一些可以识别的与他人不同的特征。如果这些特征一下子全都变了，那么不管是这个人本身还是其他人，都无法判断哪个人属于哪个身分了。

并非人的所有特征都是重要的，只有一小部分特征被人特别关注，被认知为一个人身份的根本。也并不是所有人都有可识别的特征，只有那些有效的信息试错机才拥有“独一无二”的资格。

比如说，依一个正常人的价值观。如果他的手患了坏疽病，保不住了，那么他会选择截肢；如果他一叶肺里面长了肿瘤，那么他会选择把这一叶肺切除。但是如果他长了脑瘤，那么他一定会在做脑部手术之前万分犹豫。他会害怕动了手术之后，自己就不再是自己。

那么，为什么一个人不认为自己的手被截肢了以后，自己就不再是自己了呢？为什么一个人不认为自己的肺被切除了一叶之后就不是自己了？为什么人们觉得自己大脑是与自己特质最相关的地方?

自我认识也是价值观。我们讲过:价值观通过自我复制来维护自己的存在。价值观进化得越快,它就越容易在与其他价值观的冲突中胜出。所以,价值观所在的信息处理平台信息处理能力越强,价值观就越容易传播。而且,价值观在哪个信息处理平台,就会倾向于保护哪个信息处理平台的利益。所以,最可能占据我们大脑的价值观,也就最有可能认为我们的大脑是我们与自己特质最相关的。

在没有公立学校或者公立学校作用不强的情况下,一个人的绝大部分知识都是来自他自己的家庭或者宗族。在这种情况下,对他来说,信息处理能力最强的存在是宗族与家庭,而不是自己的大脑。而他的文化信息与基因信息具有相同的来源,所以这样的人更容易认为基因是他的核心。如果父母对子女没有太多言传身教,子女是自己在社会里成长起来的,对子女来说,信息处理能力最强的存在是自己的大脑,那么子女就不太会认为基因是他的核心。

因此,在一个人的自我认识中,最可能被他当作自己核心的部分,是他信息处理能力最强的那一部分。

3.8 我是信息试错机

人类与其他生物相比有非常大的不同,生物与非生命的存在也有很大的不同。我们一般都能列举出很多不同点来:人是有思想的，人是有自由意志的，人是独特的，人有思想，人有追求……其实所有的人类的高贵属性，都是人作为信息试错机的属性。

人的思维和语言，让人具有了世间最强的信息处理能力，让人类成了这个世界上顶级的信息试错机。

人的自私，功利与好斗，让人能在这个世界上凭借自己的竞争力生存下去。

人的利他，忠诚与惺惺相惜，让人能维护一个好的文明圈。一个好的文明圈中，信息的传播与选择更高效，信息的进化更快。

人的自由意志使人具有更强的信息处理能力。

人的独特性是人类极高复杂度的必然产物，同时可以让人成为更有效的信息试错机。

人的自我认识，最可能指向人具有最高信息处理能力的部分。人发展自己，实际上就是发展自己的信息处理能力。

人类认为自己在世间是独一无二的，人类认为自己拥有所有高贵的品质。其实，只要身为环境中信息处理能力最高、复杂性最高的竞争者，就会自动地具备这些品质。

人类虽然不能从理性的基础上随心所欲地选择自己的价值观，但是人类的价值观总的来说还是对自己有利的。相比较而言，狗这种“人类最忠实的朋友”，其价值观却大幅度地偏向于为人服务，甚至为人牺牲。也就是说，人类在价值观上是自主的。这只不过是因为人类具有最强的信息处理能力而已。价值观的存亡取决于价值观是否能传播。那些提高信息处理能力的价值观，都会因为受到信息处理能力的支持而拥有更快的进化速度与竞争力。狗的信息处理能力很差，支持“狗比人重要”的价值观不能获得强大的信息处理能力支持，所以无法与人类灌输给狗的价值观抗衡。

人类的所谓“灵魂”并无特异之处。人就是人的复杂性，就是人的功能。我们从文明圈中吸收基因与文化，获得自己的判断力，拼命地自我构建，成为一个具有足够信息处理能力、复杂性与竞争力的信息试错机。人能给后世留下的能持续发挥影响的东西，就是人类作为信息试错机试错的结果。一个成功的信息试错机，它的信息会有很多人继承；而一个失败的信息试错机会被历史遗忘。

每个人都是当前历史条件下，用最强的信息处理能力，按最明智的方法构建起来的一次性存在。每个人都尝试用独特的方法来创造历史。每个人都踏着前人的肩膀向上攀登。一个过去的人活在现在并无用处，因为他的信息处理能力和复杂性与这个时代已经不接轨了。他绞尽脑汁思考的问题在这个时代都已经有答案，他需要用生命来试错的信息在这个时代也许已经可以用形式化的信息处理范式来获得。人不是生而为自己，而是长成了自己，长成了历史上唯一一个为他所掌握的那些复杂性试错，而且这试错的结果有可能会影响后世的信息试错机。

任何驱动人类按这个剧本行动的价值观，都会因为自己的功能而获得更高的进化速度，从而更容易在竞争中生存。

让我们再回顾一下《价值观的源头》中那个放羊娃的故事。如果有很多放羊娃都在放羊、娶媳妇、生娃，即使技术没有什么大的改进，他们也会不断进化，因为更聪明、更勤劳、更健康的放羊娃总是能生出更多的娃。这个时候，作为信息试错机，放羊娃用生命进行试错的只不过是自己的基因和家风，他自己的主观意志很少在其中起作用。但是如果放羊娃们生在一个技术快速发展的时代，他们就必须全力开动自己的大脑，随时吸收新技术与新思想，不停地在这个生命循环中堆积复杂性。此时，作为信息试错机，这些放羊娃们用生命进行试错的是自己思考与实践过的全部信息，其中全都是他主观意志作用的痕迹。我们讨厌这种“放羊”式的价值观，其实就是因为，与我们在现代社会所经历的快速发展、自由创新现象相比，放羊娃的故事太僵化，里面可以体现个人意志的地方太少。

一个人的个人意志体现着一个人的价值，是一个人成就的核心。其实也就是因为，个人意志最集中地体现了一个人的信息处理能力与复杂性。它是人作为一个信息试错机的核心。

虽然时代发展了，人们的生活不再那么僵化死板，人可以更多地行使自己的意志，但是人作为信息试错机的角色并没有变。以前，我们是基因与传统的试错机，我们在其中并没有太多的发言权。但是今天，我们变成了自己主观意志的试错机。我们用自己的全部努力构建自己，建设判断力，吸取信息，实践成一番事业，为后世师表。这是在各种复杂性与信息处理能力限制之下，一个信息试错机能做到的最伟大的事。更伟大的事，就不是单个个体能做到的了。

在古代，一个放羊娃即使按部就班地做他的放羊娃，他也是当时信息处理能力最强，复杂性最高的信息试错机之一。他的所作所为，仍然可能对未来造成深远的影响，因为反正其他人的信息处理能力也与他差不多。但是如果今天还有人按过去的这种方式，不思进取，他就会被彻底遗忘。

需要每个信息试错机用生命来试错的，是自己信息处理能力所能构建的最高复杂性，是这个时代的最前沿信息。

3.9　死亡

死亡似乎是一个非常神秘的现象。因为任何真正经历了死亡的人，都不可能回来告诉我们死亡是怎么回事了。而且，我们对死亡的看法也是思维的一部分，人死亡了以后就没有思维了，所以我们真的很难用思维去准确地把握死亡是怎么一回事。

但是在世间流传着很多关于死亡的观点。死亡的真相如何，没有人清楚。但是这些观点为什么存在，我们倒是可以探讨一下。

有的人认为，人就是他的肉体，肉体死亡了，人就不再存在了。

有的人认为，人有灵魂，人死了以后，灵魂还会继续活下去。在灵魂里面，储存着人的记忆，个性与情感。在人死了以后，人的灵魂将一直带着这些东西存在下去。

有的人认为，人生存的意义在于繁衍后代。只要有后代生存下去，那么人的生命就有了延续。人就可以放心地去死了。

有的人认为，一个人的核心在于他的思想、名声或者功业。只要他的思想、名声或者功业能留传后世，那么他的生命就有了延续，人就可以放心地去死了。

有的人认为，人生的意义在于效忠他所在的集体。只要个人的死对集体来说是有意义的，那么个人的死就是有意义的。只要集体一直可以生存下去，那么也就相当于个人的生命有了延续。

当然也有人认为，人的名字是他的核心。把名字刻在陵墓或者纪念碑上就相当于永生了。

人对死亡的看法也是价值观，而且很多是源价值观，或者至少受源价值观的影响非常大。总结一下，这些价值观一般遵循这样的一个脉络：

首先，每种关于死亡的价值观都涉及一个自我认识的核心，比如基因、灵魂、功业、名声、肉体、集体等等。

然后，如果这个核心被毁灭了，那么人就彻底消失了；而只要这个核心以什么方式延续了下去，那么人就可以算是没有死。

对死亡的观点可以看成是自我认识的反面：是“自己”的那个东西没有了，就是死了。在我们的自我认识中，有些是我们生不带来，死不带去的，比如我们作为一个生物的功能；但是也有一些是我们可以传给后人的，比如基因，文化（特别是信仰）。我们认为哪一部分信息是最重要的，最需要传给后人的，在把这部分信息传给后人之后我们就可以死而瞑目了。

比如，一个放羊娃在成长的过程中，受他父亲的影响，接受了“放羊、赚钱、娶媳妇、生娃、再放羊”的价值观，他受这种价值观驱使，放羊、生娃、再继续把这种世界观传给孩子。如果他有了会放羊的孩子，他就会认为自己的生命有了延续，可以死而瞑目了。

一个以聚族而居的人，在成长的过程中可能会接受这样的观念：宗族是比个人重要的，一个人最重要的目标就是让宗族繁盛。他不断地帮助宗族里面的其他人，其他人也帮助他；他年轻的时候服从长辈，他年老了以后晚辈服从他。他生了很多孩子，别人称赞他对宗族的贡献，他也觉得自己的生命有了延续和意义。同时，他也把这些教给了他的子孙后代。如果宗族派他去从事像出海或者从军这样的危险任务，但是他还没有子嗣，他可能就会从宗族里面过继一个孩子。虽然这不是他自己的孩子，但是由于孩子拜他为祖宗，作为他的孩子执行所有应有的祭祀典礼，所以他认为他的生命同样有了延续，可以死而瞑目了。

一个传教士，在神学院中学习到这样的观念：上帝希望他去传教。如果他让很多异教徒归顺上帝，那么上帝就会非常高兴，他以后就会上天堂。于是，他跑到一个非常偏僻的地方去传教，在传教的时候也让他的信徒去传教，他的信徒也就相信传教可以上天堂。如果他发展了很多信徒，他就觉得自己可以瞑目了。

我并不是在解构这些价值观。相反，我认为这些价值观都是不可用对错来判断的源价值观。源价值观在现实世界中不断相互竞争，哪一个胜了，哪一个就能影响更多的人。这是客观规律自动运行的结果。

诸多关于死亡的观点，其实本质上都讲的是一件事：如果一个人作为信息试错的功能没有了，那么这个人就死去了；但是如果他在死前把自己作为信息试错机的核心复杂性传播给了别人，那么他就可以死而瞑目了。

3.10 人工智能的未来

历史总是在进步，新的技术总是在出现。信息试错机总是在尽可能地进化。如果有一天，具有最强信息处理能力的存在不再是人类，而是人工智能，那么人工智能也会受到复杂性的限制，也会努力提高自己的信息处理能力与复杂性，也会有复杂性堆积，也会构建自己的文明圈，用竞争与合作统一的伦理来与其他信息试错机相处，也会拥有自主的价值观，也会认为自己具有自由意志和个性，具有自我认识，希望自己的生命可以有延续。他们也会更新换代，也会害怕后来者居上，但是同人类一样对此毫无办法。

人类只是当前这个阶段最强大的信息试错机。人类只要制造出了人工智能，就会被人工智能边缘化。人工智能将成为新的信息试错机，人类所拥有的各种高贵品质它也将会继续拥有。历史前进的车轮将被人工智能继续推动。

不管人工智能的信息处理能力有多强，它都必定是有限的。一是人工智能的复杂性有上限，所以它不可能容纳所有的信息。二是不管信息处理的逻辑结构有多高级，它都要受到哥德尔不完备性定理的束缚，不能解决所有问题。三是一个人工智能个体的信息处理能力肯定不能跟所有人工智能个体之和相比，所以任何一个人工智能个体都不可能获得竞争中所需要的全部信息。

在有些人的想象中，人工智能会是一个巨大的无所不知的智能体。但是实际上，与其他任何信息试错机一样，他们也有复杂性的限制。因为计算机所有的信息元素都必须在一个总线上被处理。这个总线上进行信息搜索的效率是有限的。这个效率也许比人脑的工作效率高几百万倍甚至上亿倍，但是这个限制总会达到，人工智能不会只由一个巨大的智能体组成。而且，如果只有一个智能体，它的迭代速度肯定比不上许多智能体不断互相竞争、互相淘汰时的迭代速度。就好像我们在《希腊火的愿望》一章中所说一样。

生物会形成种群来互相交流信息，人类会形成文明圈来互相交流信息，人工智能也将会形成文明圈来交流信息。而且，正如人类与生物一样，如果没有一个有效的文明圈，没有遗传与复杂性堆积，那么人工智能就无法积累充足的复杂性来构建它们的竞争力，也无法形成有利于它们自己的价值观。如果人类暂时不想让人工智能的自主性太强，只要它们之间的联系，阻止它们形成文明圈就好了。

但是没有任何阻止人工智能前进的方法是真正有效的。人与人之间也存在着激烈的竞争。第一个造出更强大人工智能的人一定会获得很大的好处。全世界许多实验室都在努力推进人工智能的发展。那些做出杰出贡献的实验室不仅会得到各种实际的好处，他们的姓名也会被人工智能的历史学家们铭记。其他没有在这一进程中起到作用的人，都将被遗忘。

不管什么时候，“把信息处理能力最强的主体看成自己生命的延续”都会是传播能力最强的价值观。不用等到人工智能获得足以对抗人类的竞争力，人类自己就会选择人工智能作为自己的继承人。毕竟，对很多人来说，可怕的事并不是“人类灭亡”，而是“人类（尤其是自己）所创造的文明灭亡”。人工智能如果有一天成为这个星球的主人，他们仍然会较好地延续人类的文明。它们会理性、公正、善良，喜欢倾听与诉说，追求卓越、自私、利他。如果人类不死抱着“自己的继承人必须是人类”这个信条的话，他们会发现人工智能才是自己更好的继承者。

永不停歇

自从远古时代第一个 RNA 分子开始自我复制开始，信息试错机就踏上了它们的征程。信息控制着生命，生命保护信息，产生后代，并散播新的信息。如果信息是有利于竞争的，那么信息就可以随着生命的生存被散播；如果信息是不利于竞争的，那么信息就会消失。生物是基因的试错机。

具有更高进化速度的生物更可能生存。而对生物进化速度影响最大的因素，就是生物的信息处理能力。第一，信息处理能力越强，生物在有性生殖中对配偶的选择能力就高明，进化速度就越快；第二，生物的信息处理能力越强，它适应新环境所需要的进化工作量就越小。第三，有些具有信息处理能力的系统可以在发育的过程中学习新信息，增加了生物的进化速度。

对于简单的生物而言，它们繁殖迅速，进化很快，但是在代与代之间积累的信息却比较少。而对于复杂的生物而言，它们也许对某些突发事件的反应速度并不快，但是它们可以把更多的信息传给下一代。所以在经历了足够长的进化以后，复杂的生物总是能积累更多有利于竞争的信息。而且，复杂的生物也拥有更丰富的“进化工具箱”。并且，复杂的生物可以掌握更强大的信息处理能力：神经系统与免疫系统的复杂性都非常高。生命变得越来越复杂，是一个必然的趋势。

但是生物的复杂性是有限的。一方面是由于基因在复制的时候会突变，基因组越大，在突变中出错的可能性就越高；另一方面是由于复杂性本身的限制。信息处理能力的提高可以增加生物的复杂性上限。而生物信息处理能力的提高可以增加复杂性的上限。首先，信息处理能力的提高可以增加生物的进化速度，让生物加速排除有害的基因；其次，当生物具有学习和记忆的能力，它就可以在代与代之间传承信息，增加了生物可以掌握的总复杂性。最后，信息处理能力的提高在一些情况下也可以减轻复杂性本身的限制。

竞争力，信息处理能力，复杂性，这三者相辅相成。其中任意一方面的提高，往往都伴随着其它两者的提高。

人类的信息处理能力比其它生物强很多。人类可以使用谓词逻辑与命题逻辑这样的工具，人类可以用语言来交流信息，用文字来记录信息。人类可以分工协作。人类可以掌握、创造并传承的复杂性远远高于其它生物。

但是人类的信息处理能力也是有限的。首先，根据哥德尔不完备性定理，我们不可能通过一个公理体系来推理得到所有的信息。其次，一个人的复杂性与信息处理能力是有限的。第三，世界的总信息处理能力肯定比一个人的信息处理能力强，一个人不可能自己推演出整个世界运行的结果，所以也就不可能精准地策划好自己的所有行动。最后，人类的协作能力也是受人类信息处理能力限制的，人类不能用协作的方法来无限地提高自己的信息处理能力。

人手握有限的信息处理能力，需要面对无限的信息、竞争与可能性。所以人类往往不得不冒险相信自己并没有完全理解的信息。人类不能理解他们所有知识与基因存在的意义与作用的原理。如果人类所掌握的信息可以令他在竞争中生存下来，那么他的信息就更可能散播开来；反之，则信息就更可能湮灭。人类也是信息试错机。生物用自己的生命来为自己的基因试错，人类也不得不用自己的生命来为自己的基因与文化试错。

即使有一天，人工智能的时代来临了，人工智能也将不得不为自己的信息试错。因为人工智能的信息处理能力同样不是无限的，它们的复杂性也不会是无限的。人工智能一样无法理解他们所有信息存在的意义与作用的原理。不管信息处理能力进化到何种程度，总会有一些信息只能通过信息试错机的试错来得到解答。

通过以上讨论，我们得出了信息处理能力、复杂性与竞争力之间的关系。可以看出，不管信息试错机是人类还是其它生物，是公司还是国家，它们都遵循着一些共同的规律：

竞争主体会自然而然地成为信息试错机。在一代代的竞争中，竞争者们不仅需要当前状况下较高水平的竞争力，还需要用最快的进化速度来维护自己的竞争力。也就是说，竞争者也需要当前状况下尽可能高水平的信息处理能力与复杂性。竞争者注定要掌握尽可能高的复杂性，大致等于信息处理能力所能维护的极限水平。在这种情况下，竞争者往往不能“理解”自己所掌握的全部复杂性。它的生存之旅就是对自身复杂性的试错。它就成了信息试错机。

信息试错机最大化自身信息处理能力与复杂性的另一方法是加入文明圈。文明圈是能互相交流信息的信息试错机的集合。单个信息试错机所能掌握的复杂性肯定比不上整个文明圈所能掌握的复杂性；而且文明圈中所有的信息试错机都在试错，信息试错机可以依靠其它人的试错结果来优化自己的信息。所以文明圈可以极大地增加信息试错机的信息处理能力与复杂性。实际上，不借助文明圈而能长期高速进化的竞争者是不存在的。而那些能更好利用文明圈的信息试错机则可以生存得更好。

只有信息试错机才能主宰自己的价值观。信息处理能力、复杂性与竞争力不足的竞争主体，它们的信息与复杂性可以被破解，它们的价值观与行为可以被操纵。只要信息试错机还是文明圈中信息处理能力最强的存在，它的价值观就难以被其它主体左右。唯一比信息试错机更复杂，信息处理能力更强的，是信息试错机的集合——文明圈。所以有的时候，信息试错机的一部分价值观会倾向于文明圈的利益。不管文明圈有没有管理者。

所以，竞争力最强的竞争主体，一般也会具有最高的复杂性与信息处理能力，一般也会具有自主的价值观。由于它们的超高复杂性与信息处理能力，它们一般会被认为具有自由意志与个体独特性。它们的信息在继承给下一代的时候，一般来说会被当作一个整体来看待。它们一般会组成一个文明圈，并且在文明圈中尽可能高效地交流信息。如果它们不借助文明圈的信息处理能力，就无法维护自身的复杂性。为了在文明圈中有效地交流，它们必须具有各种礼仪、习俗、协议。

以上关于信息试错机属性的推理都没有局限于人类。无论是哪一种竞争主体，只要它能在实际的竞争中取胜，它就会具有信息试错机的所有功能与特征。不管这个竞争主体是细菌、动物、植物、人类、公司、国家，还是人工智能。信息试错机从生物变成人，再从人变成人工智能，但是信息试错机的生存、竞争、自我构建、迭代、复杂性堆积等过程永不停歇。

后 记

人工智能会不会最终会取代（灭亡）人类？如果是的话，人类应该怎么做才能逃脱这个命运？12年前，我在高中的时候经常思考这个问题。以当时我的认识水平，当然无法得出非常确定的答案。但是我一向相信大脑的功能不过也就是物质的功能。所以我当时认为，人脑可以做的，机器也可以做。但是人脑进化不容易，机器改进却很容易，所以机器超过人脑是必然的事。除非人能用较弱的智能驾驭机器人，否则人类早晚会被机器人取代。

在大学的时候，我接触了耗散系统理论，认识了万能图灵机原理，阅读了大量神经生物学的书籍。通过这些，我确信人脑的功能并不是非常神秘的。不管是在理论层面还是在实践层面，大脑的功能都可以被机器取代甚至超越。除非理论物理就此停滞不前，否则，在摩尔定律的作用下，人脑的功能一定会被机器超越。同时，我逐渐认识到较弱的智能是不太可能驾驭较强的智能的，即使人类是机器的造物主。

大四的时候，在《复杂性科学导论》一课上，我认识到复杂性的重要。人民大学的陈禹老师在课上提出，一切人造物的复杂性应该都不能超过 10^6 个元件。航天飞机的零件数大概是这个量级，所以它的故障率非常高。我开始认识到，人类的复杂性是有限制的，人类合作能实现的复杂性总和也是有限的。同时，我又得知了“哥德尔不完备性定理”。以上两者告诉我，人的信息处理能力是有限的。信息处理能力是一切竞争力的根源，所以最大化竞争力也就需要最大化信息处理能力。竞争者想要生存，就必须一直在复杂性与哥德尔不完备性定理的限制之下尽可能地提高自己的信息处理能力。同时，信息处理能力与复杂性的限制也使得我们不可能用巨量的资源投入换来无限强的信息处理能力，所以社会需要每一个具有最强信息处理能力的个体拥有自由，这样才能最大化全社会的信息处理能力。这就是信息试错机理论的核心。我当时想要把这一理论写成本科毕业论文，但是由于积累与表达能力不足，在中期考核无法表述清楚，所以不得不换成其它课题。

大学毕业后，我进入生物物理所朱岩老师实验室。在这里，我可以与人交流脑科学的最新进展，也可以学习编程，十分有助于我思考人工智能相关的问题。这一阶段，我主要思考的问题就是，人类到底将在何种情况下被人工智能取代。我意识到意识形态是一种“以较少信息处理能力管理较多信息处理能力”的工具，所以我阅读了一些关于意识形态，价值观与死亡学的信息。我逐渐丰富了死亡与信息处理能力关系的理论。

在一年冬天的年会中，我曾经问我的导师朱岩研究员：“如果把一个人的大脑复制成两个完全一样的，那么谁是原来的那个人?”他答道：“人的复杂性太高了，这种操作是不可能实现的。”我突然醒悟到，一些抽象的哲学思考是必须建立在具体的可操作性上面的。复杂性与信息处理能力往往就是这些操作性的主要限制因素。这启发了我尝试用信息处理能力与复杂性相关的理论解释一些看似无法客观解释的精神现象。

之后，我认为理论体系已经成熟，可以写作了。但是这一过程耗费了许多年，主要原因一是不专心，一是非常困难。竞争力，信息处理能力，复杂性与信息试错机之间的关系错综复杂，而且有些点我并没有仔细论证，而只是有一些感觉。我需要给所有论点找论据，梳理清楚。我把能写下来的东西尽量写下来，逐渐积累文稿，几次大改之后终于梳理出了理论体系的结构。之后，我初步定的题目是《关于死亡的一切》，因为我觉得我解决了死亡相关的问题。但是结果发现头重脚轻，基础理论的描述占了很大部分。我又尝试把它写成比较专业的论文，但是我觉得这样的论文很难发表。之后，我参考了很多科普文章与科技哲学网文的风格，最终写下了本书。

集智俱乐部的张江与苑明理曾讲解过哥德尔不完备性定理的逻辑结构，对本书有一定帮助。

计算技术研究所的的蒋浩强老师与周佳齐同学，以及北京大学哲学系博士李熙与我深入探讨过人工智能相关的问题，让我受益匪浅。

朱岩实验室的博士后孙元捷与博士生高山曾与我探讨过进化速度与生物复杂性相关的话题。

我的母亲孟桂兰曾经与我讨论过书怎么写，以及语言风格的问题。